Spannungskurven in rechteckigen und keilförmigen Trägern

Theorie und Versuch über Spannungsverteilung als Scheibenproblem mit besonderer Berücksichtigung der lokalen Störung

von

Akira Miura

Professor an der kaiserlichen Universität
Kioto

Mit 142 Abbildungen im Text
und auf 6 Tafeln

Springer-Verlag Berlin Heidelberg GmbH

1928

ISBN 978-3-642-98396-2   ISBN 978-3-642-99208-7 (eBook)
DOI 10.1007/ 978-3-642-99208-7

Vorwort.

Die vorliegende Arbeit wurde in Berlin in einem Zimmer mit der Aussicht auf ein Birkenwäldchen geschrieben. Es sind schon mehrere Jahre vergangen, seitdem ich dort studienhalber weilte. Damals wurde ich zuerst aufmerksam auf die Theorie der keilförmigen Träger. Um die tatsächliche Spannungsverteilung in diesen mit der nach der Theorie zu vergleichen, kam ich auf den Gedanken, dabei die optische Methode der Spannungsermittlung mit durchsichtigen Modellbalken bei polarisiertem Licht anzuwenden, die damals (1922) die Fachleute noch nicht so sehr interessierte. Während ich nun diese Methode zuerst unter Herrn Prof. Dr. Ambronn, Prof. Dr. Winkelmann und Prof. Dr. Köhler, Jena, und später unter Herrn Prof. Dr. König, Gießen, studiert habe, denen ich auch bei dieser Gelegenheit noch einmal für ihren Rat und ihre freundliche Unterstützung meiner Versuche meinen aufrichtigen Dank ausdrücken möchte, begann mich die genaue Erforschung überhaupt der Spannungsverteilung im einfachgestützten Balken zu interessieren, besonders in den Belastungs- und Stützpunkten, weil diese ziemlich abweicht von der nach der gewöhnlichen Balkentheorie. In mehreren Versuchen habe ich mich mit keilförmigen und rechteckigen Glasbalken beschäftigt, indem ich nebenbei eine möglichst theoretische Behandlung der Spannungsermittlung erstrebte. So sind die hier vorliegenden Studien noch kurz vor meiner Heimkehr nach Japan entstanden.

Weil nur wenige Veröffentlichungen speziell über Spannungskurven und besonders über die optische Spannungsuntersuchung mit polarisiertem Licht vorhanden sind, wünschte ich die Arbeit gedruckt zu sehen. Dies wurde mir ermöglicht durch die großzügige finanzielle Unterstützung von Herrn Dr. T. Yokokawa, Direktor des Yokokawa Brückenbaubureaus, Tokio. Ich möchte ihm dafür an dieser Stelle herzlich danken.

Schließlich möchte ich erklären, daß ich gern bereit bin, Vorschläge meiner Fachkollegen zur Verbesserung und Ergänzung dieser Studien mit Dank entgegenzunehmen.

Kioto, am 28. Mai 1928.

Akira Miura.

Inhaltsverzeichnis.

Zweiter Teil.

Versuch.

§ 1. Einleitung.

Trotzdem die Kenntnis der genauen Spannungsverteilung in den Bauelementen, wie z. B. Balken, Fundament usw. sehr wichtig ist, ist unser Wissen darüber noch gering. Was im allgemeinen bekannt ist, ist die Spannungsverteilung nach der Hooke-Bernoullischen Theorie, die nur für besondere Fälle gültig ist. Die sog. Spannungstrajektorie nach Culmann zeigt nur die Hauptspannungsrichtungen. Die Gültigkeit der gewöhnlichen Balkentheorie trifft nur zu in dem Gebiet des Balkens weit von den Last- und Stützpunkten, falls es sich um konzentrierte Belastung handelt. Für die gleichmäßige Belastung ist die Theorie natürlich im strengen Sinne nicht richtig, weil dabei die Spannungen in der Richtung senkrecht zur Balkenachse vernachlässigt werden, die in Wirklichkeit eine ziemlich große Rolle spielen, wie wir später beobachten werden. In bezug auf die Spannungstrajektorie muß gesagt werden, daß sie nicht genügt, um nach ihr die Spannungen im Balken vollkommen zu ermitteln. Sie gibt uns nur die Hauptspannungsrichtungen oder Hauptschubspannungsrichtungen an, aber die noch wichtigeren Hauptspannungsgrößen werden dabei nicht gegeben.

Ich habe im folgenden versucht, die Spannungsverteilung im Balken genauer zu ermitteln. Zu diesem Zwecke habe ich zwei noch ziemlich unbekannte Kurven für Spannungen eingeführt, nämlich:

1. die isoklinischen Kurven,
2. die isochromatischen Kurven oder Hauptschubspannungskurven.

Diese beiden Arten von Kurven sollen hier zusammen als Spannungskurven bezeichnet werden. Diese Kurven kann man durch optisches Experiment ermitteln, und die Namen isoklinische und isochromatische Kurven haben hiervon ihren Ursprung. Die genaue Orientierung findet man in Abschnitt VI bis VII.

Durch die Kurven (1) erhalten wir die Hauptspannungsrichtungen an jeder beliebigen Stelle im Balken, und durch die Kurven (2) die Hauptspannungsgrößen.

Für die Ingenieurpraxis ist es sehr wichtig, die Hauptschubspannungen zu ermitteln, weil diese Spannungen vor allem in Betracht kommen für den Bruch oder das Gleiten des Materials[1]. Ich glaube

---

[1] Vgl. Föppl: Drang und Zwang Bd. 1., § 6. Mohr: Technische Mechanik. Abhandlung V. E. Andrew: The theory and design of structures, S. 22ff.

bestimmt, daß diese Spannungen für den Bruch maßgebend sind in bezug auf die Materialien, die als elastisch und homogen angesehen werden können, z. B. Stahl, Schmiedeeisen usw. Als beweisend läßt sich dafür anführen das Experiment mit Glasbalken zwischen gekreuzten Nikols. Für die Materialien, die nicht als homogen und elastisch angesehen werden können, trifft diese Voraussetzung nicht zu, und es ist sehr schwer zu beurteilen, was für eine Spannung oder Formänderung in solchem Falle den Bruch oder das Gleiten bedingt. Die Unmöglichkeit, die Bruch- oder Gleitgrenze festzustellen, erschwert uns immer noch die Berechnung.

Ich werde hier darauf nicht weiter eingehen, aber wenn man den Balken so berechnen will, daß die durch Belastung hervorgerufenen Spannungen an keiner Stelle des Balkens über die elastische Grenze hinausgehen, so muß man vor allem die Hauptschubspannungen betrachten.

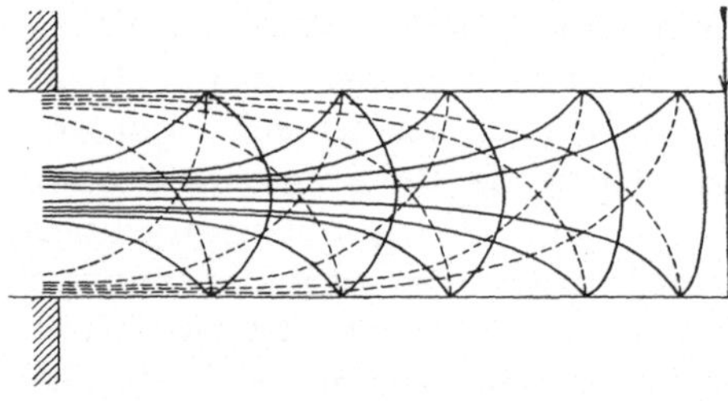

Abb. 1.

Wie ich schon gesagt habe, hat die gewöhnliche Balkentheorie für das Gebiet nahe der Belastung keine Gültigkeit. In Wirklichkeit aber ist die Spannungsverteilung gerade in diesem Gebiet von großer Bedeutung. Weil sie dieses Gebiet vernachlässigt, hat die sog. Spannungstrajektorie wie die Abb. 1 zeigt, sehr wenig Sinn, wie wir später sehen werden.

Ich setze im folgenden zuerst die genaue Spannungsverteilung im Balken mit Benutzung der oben genannten Spannungskurven auseinander (Abschnitt I bis IV) indem, in Abschnitt IV besonders die lokale Störung behandelt wird. Abschnitt V widme ich den Spannungen in keilförmigen Trägern.

Die theoretischen Resultate habe ich zur Nachprüfung mit den Ergebnissen der optischen Versuche mit Glasbalken verglichen, die man in Abschnitt VI bis VII findet. Ich habe diese optischen Versuche zum Teil auf der Universität in Jena vom Sommer 1923 bis Winter 1924 unter Prof. Ambronn, Winkelmann und Köhler ausgeführt, und von Mai bis Juni 1924 habe ich mich besonders mit Versuchen in bezug auf die Spannungen im Fundament in dem physikalischen Institut der Universität zu Gießen unter Prof. König beschäftigt.

Erster Teil.

Theorie.

I. Spannungen nach Hooke-Bernoullischem Gesetz.

§ 2. Hauptspannungen.

Wir wollen zuerst allgemein den ebenen Spannungszustand betrachten. Wir nehmen die XY-Ebene als die Spannungsebene. ($X =$
Horizontal-, $Y =$ Vertikalachse.) Die resultierenden Normal- und

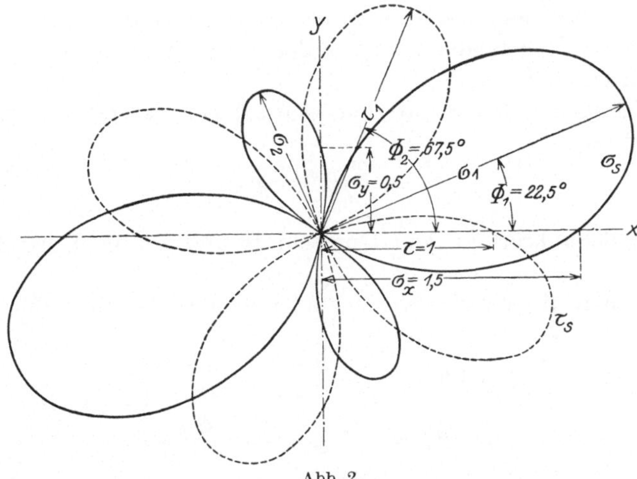

Abb. 2.

Schubspannungen σ_s und τ_s an der dritten Ebene mit der Neigung Φ
gegen die X-Achse an dem Punkt, wo es die Normal- und Schubspan-
nung σ_x, σ_y und τ gibt, werden bekanntlich folgendermaßen ermittelt:

$$\left.\begin{aligned}
\sigma_s &= \sigma_y \cos^2 \Phi + \sigma_x \sin^2 \Phi + 2\,\tau \sin \Phi \cos \Phi \\
\tau_s &= (\sigma_y - \sigma_x) \cos \Phi \sin \Phi - \tau (\cos^2 \Phi - \sin^2 \Phi)
\end{aligned}\right\} \tag{1}$$

Die Hauptspannungen (σ_1 und σ_2) und Hauptschubspannungen (τ_1 und
τ_2) an demselben Punkt sind

$$\left.\begin{aligned}
\sigma_{12} &= \frac{\sigma_x + \sigma_y}{2} \pm \frac{1}{2}\sqrt{(\sigma_x - \sigma_y)^2 + 4\,\tau^2} \\
\tau_{12} &= \phantom{\frac{\sigma_x + \sigma_y}{2}} \pm \frac{1}{2}\sqrt{(\sigma_x - \sigma_y)^2 + 4\,\tau^2}
\end{aligned}\right\} \tag{2}$$

und die Neigungswinkel Φ_1 für Hauptspannung und Φ_2 für Haupt-schubspannung sind gegeben durch die Gleichungen

$$\left.\begin{aligned}\tan 2\,\Phi_1 &= \frac{2\,\tau}{\sigma_y - \sigma_x}\\[2mm]\tan 2\,\Phi_2 &= \frac{\sigma_x - \sigma_y}{2\,\tau}\end{aligned}\right\} \qquad (3)$$

Abb. 2 zeigt die Veränderung der Spannungen σ_s und τ_s für den Fall, in dem $\sigma_x = 1{,}5$, $\sigma_y = 0{,}5$ und $\tau = 1$ sind.

§ 3. Spannungskurven nach der gewöhnlichen Balkentheorie.

In der gewöhnlichen Balkentheorie vernachlässigt man die Spannung σ_y; die Spannung σ_x wird gegeben nach dem Hooke-Bernoulli-schen Gesetz mit der Gleichung

$$\sigma_x = \frac{M}{J}\,y \qquad (4)$$

wo M das äußere Moment an dem betreffenden Querschnitt, y der Ab-stand von der Neutralachse, und J das Trägheitsmoment des Balken-querschnittes sind.

Die Schubspannung τ für den rechteckigen Querschnitt wird wie folgt ermittelt:

$$\tau = \frac{T}{2J}\,(b^2 - y^2) \qquad (4')$$

wo T die Schubkraft in dem Querschnitt und $2\,b$ die Höhe des Bal-kens ist.

Wenn man diese Werte von σ und τ in die Gleichung (3) einsetzt, so erhält man

$$\left.\begin{aligned}\tan 2\,\Phi_1 &= \frac{T}{M}\cdot\frac{y^2 - b^2}{y} = \frac{y^2 - b^2}{k\,y}\\[2mm]\tan 2\,\Phi_2 &= \frac{M}{T}\cdot\frac{y}{b^2 - y^2} = \frac{k\,y}{b^2 - y^2}\end{aligned}\right\} \qquad (3')$$

$$\text{wo} \quad K = \frac{M}{T} \quad \text{ist.}$$

Daraus folgen die Differentialgleichungen der Hauptspannungs- und Hauptschubspannungstrajektorien

$$\left.\begin{aligned}\frac{dy}{dx} &= \frac{k\,y}{b^2 - y^2} \pm \sqrt{1 + \frac{k^2\,y^2}{(b^2 - y^2)^2}}\\[2mm]\frac{dy}{dx} &= \frac{y^2 - b^2}{k\,y} \pm \sqrt{1 + \frac{(y^2 - b^2)^2}{k^2\,y^2}}\end{aligned}\right\} \qquad (5)$$

Die Gl. (5) geben uns zwei Spannungstrajektorien, davon ist ge-wöhnlich nur eine in technischen Büchern behandelt. Man kann aber die eine Trajektorie aus der andern sehr wohl ermitteln, weil die Trajek-

toriepaare (eins der Hauptspannung, eins der Hauptschubspannung)
sich im Winkel von 45^0 treffen, und die beiden Kurvenarten einer Trajektorie senkrecht aufeinander stehen. Die praktische Unmöglichkeit der
Lösung der Differentialgleichungen (5) läßt die Spannungstrajektorien
unklar und ungenau. Man kann natürlich nach Gl. (3') die Neigungen
der Haupt- und Hauptschubspannungen an mehreren verschiedenen
Punkten berechnen und danach die Spannungstrajektorien dar-
stellen, wenn man eine große rechnerische Bemühung nicht scheut.
Prof. H. Lorenz empfiehlt, die Reinschubspannungslinien von Wagner
zu benutzen. Diese Linien sind die Kurven, deren Richtung mit der
reinen Schubspannungsrichtung übereinstimmt. Man bezeichne mit
Φ' ind Φ'' die Reinschubspannungsrichtungen, so erhalten wir durch Verschwinden von σ_s in der Gl. (1)

$$\tan \Phi' = -\frac{2\,\tau}{\sigma_x}, \quad \text{darum} \quad = \tan 2\,\Phi_1 \Big| \tag{6}$$

und $\qquad \Phi'' = 0.$

Die Reinschubspannungslinien sind die Inte-
gralkurven der Gl. (6). Z. B. zeigt Abb. 3^1 die
Kurven für Kragträger mit einer Last am Ende. Die Gleichung dafür ist

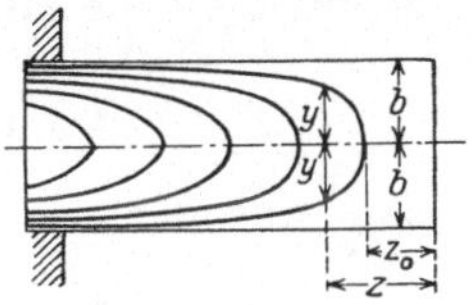

$$(b^2 - y^2)\,z^2 = b^2\,z_0{}^2. \tag{7}{}^2$$

Abb. 3.

Man kann natürlich danach auch die Spannungstrajektorien ermitteln,
aber diese Methode ist leider ein Umweg.

Die einzige geschickte Aufzeichnung der Trajektorien findet man
in einem Aufsatz von Wilson[3], in dem er sog. isoklinische Kurven
benutzt. Maxwell hat diese Kurven „isoclinic lines" genannt. Man
sieht diese Kurven beim optischen Experiment mit einem Glasbalken
zwischen gekreuzten Nikols, und deshalb hat diese Methode den Vorzug, experimentell bewiesen werden zu können.

Beim optischen Versuch bleiben die Stellen, wo die Hauptspannungsrichtungen mit den Nikolachsen übereinstimmen, dunkel, und man
sieht schwarze Kurven im Gesichtsfeld. Diese nennt man isoklinische
Kurven, weil die Hauptspannungsrichtung (und Hauptschubspannungsrichtung) an jedem Punkte der Kurven dieselbe Neigung hat[4].

Die Gl. (3) sind nämlich die Gleichungen der isoklinischen Kurven,
wenn die Tangente an der linken Seite als konstant angesehen wird.

Es hat an sich wenig Wert, die Spannungstrajektorien nach der
gewöhnlichen Balkentheorie aufzuzeichnen, weil, wie oben schon ge-

---

[1] Entnommen aus Lorenz: „Elastizitätslehre".
[2] Lorenz: Technische Elastizitätslehre, § 15.
[3] Phil. Mag. Vol. 32. No. 199. S. 5. 1891.
[4] Genauer s. Abschn. VI bis VII.

sagt ist, sie nur in beschränktem Gebiet richtig sind. Ich werde sie aber im folgenden in einigen Fällen aufzeichnen, damit man sie später mit den genauer ermittelten Trajektorien vergleichen kann.

§ 4. Einige Beispiele für Spannungstrajektorien nach der gewöhnlichen Balkentheorie.

a) Kragträger mit einer Last am Ende.

$$M = -Px, \quad T = -P.$$

Daraus folgt

$$K = x.$$

Wenn man diesen Wert in die Gl. (3′) einsetzt, so erhält man

$$\tan 2\,\Phi_1 = \frac{y^2 - b^2}{xy} \quad \text{und} \quad \tan 2\,\Phi_2 = \frac{xy}{b^2 - y^2} \tag{8}$$

oder aus der ersteren

$$y^2 - Axy - b^2 = 0, \quad \text{wo} \quad A = \tan 2\,\Phi_1$$

ist. Dies ist die Gleichung der Hyperbel, deren zwei Asymptoten $y = Ax$ und $y = 0$ sind. Wenn man für Φ_1 verschiedene Werte in

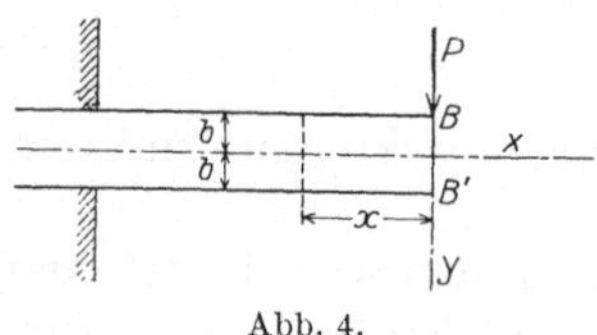
Abb. 4.

die Gleichung einsetzt (50^0, 60^0 usw.), so erhält man zwei Hyperbelscharen, die durch die Eckpunkte B und B' gehen (s. Abb. 4). Diese sind die isoklinischen Kurven, nach denen man vier Trajektorienkurven zeichnen kann, die aber streng genommen nur weit vom Ende Richtigkeit behalten. Am Ende werden die Kurven durch die lokale Störung stark geändert, wie wir uns später überzeugen werden.

Um die Kurven rechnerisch zu ermitteln, setze man $\frac{y}{b} = \eta$ und $\frac{1 - \eta^2}{\eta} = s$ in die Gl. (3′) ein, so ist

$$\tan 2\,\Phi_1 = \frac{s \cdot b}{K}; \quad \tan 2\,\Phi_2 = \frac{K}{b \cdot s}.$$

Graphischerweise kann man sie wie folgt ermitteln. Die Schubspannungen an den Punkten, die konstante Ordinaten haben, sind konstant, und die Spannung σ_x ist dem Abstand vom Ende proportional. In der Abb. 5a ist der gesuchte Winkel Φ_2 aus den gegebenen Werten σ_x und τ mit PBA bezeichnet, wo PBQ ein Kreis ist, dessen Mittelpunkt O ist. Danach ist es klar, daß es für die Linie $y =$ konstant eine Kurve PA gibt. Diese ist selbstverständlich eine Hyperbel, deren Gleichung

$$y^2 - x^2 = (2\,\tau)^2$$

ist. Man kann diese Kurve sehr leicht aufzeichnen, weil die Strecken OP und OB immer einander gleich sind. Nachdem man, wenn man die Neigung an beliebigen Punkten ermitteln will, diese Auxiliarkurven

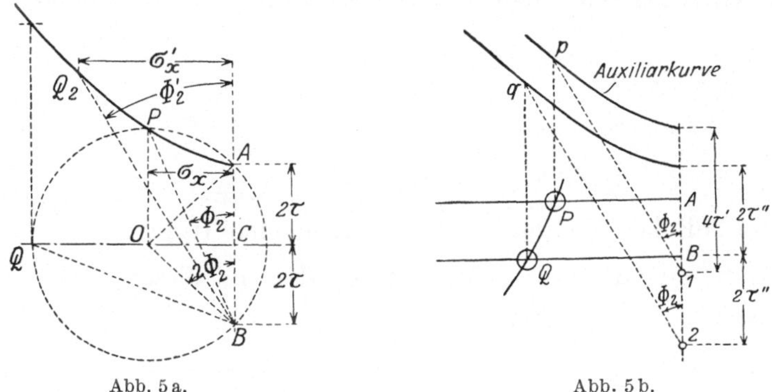

Abb. 5 a.   Abb. 5 b.

für verschiedene wagerechte Schichten gezeichnet hat, nimmt man zuerst den σ_x' entsprechenden Abstand wagerecht auf der Hyperbel, und bekommt den Punkt Q_2 und danach den Winkel Φ_2'. (Die Werte τ

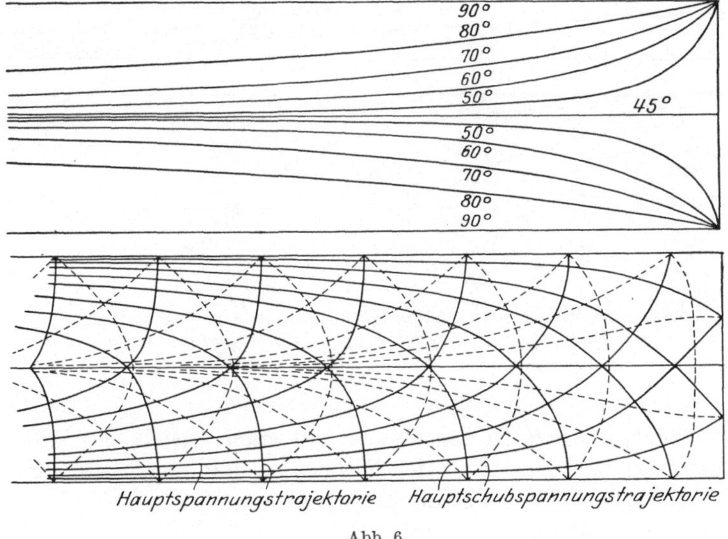

Abb. 6.

erhält man nach der parabolischen Änderung dieser Spannung im Vertikalschnitt.) Um isoklinische Kurven zu zeichnen, zieht man umgekehrt zuerst eine Gerade mit dem bestimmten Winkel Φ_2 zur Y-Achse von den Scheitelpunkten der Auxiliarhyperbeln, wie die Abb. 5 b zeigt, und die Projektionen der Punkte p und a auf die betreffenden

Schichten geben uns die Punkte auf den isoklinischen Kurven. Die Kurven durch diese Punkte sind die gesuchten isoklinischen Kurven. (Vgl. Abb. 6.)

b) Kragträger mit gleichmäßiger Belastung. In diesem Falle

$$K = \frac{M}{T} = -\frac{\dfrac{\omega x^2}{2}}{-\omega x}$$

$$= \frac{x}{2}.$$

Die isoklinischen Kurven sind hier auch eine Hyperbelschar wie im Falle (a), nur mit dem Unterschied, daß in diesem Falle $K = \dfrac{x}{2}$ ist, statt x (s. Abb. 7).

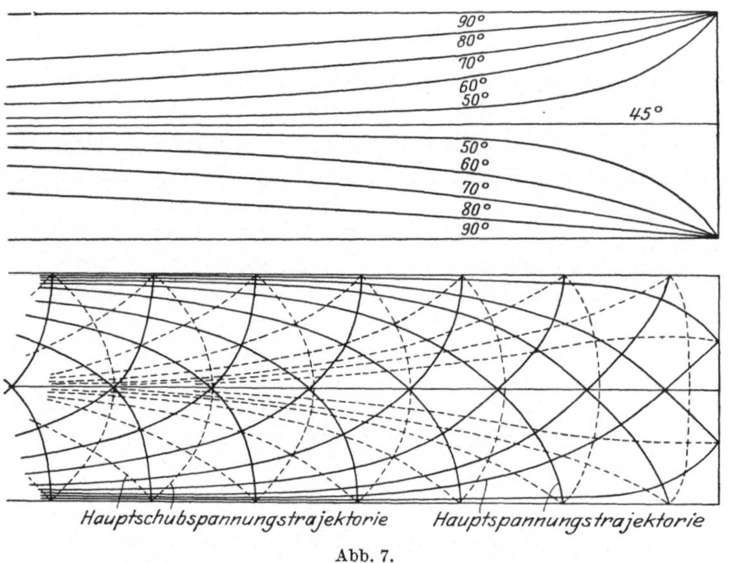

Abb. 7.

c) Träger, gestützt an den Enden, mit einer Last in der Mitte. Der Fall kann als ein Spezialfall der Kragträger mit einer Last am Ende betrachtet werden.

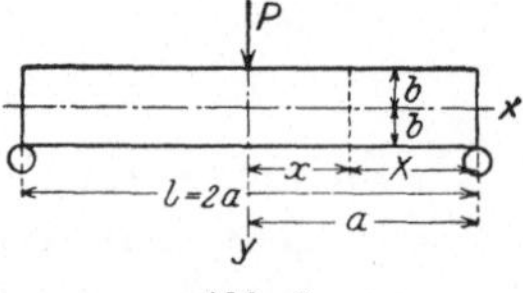

Abb. 8.

Weil

$$K = \frac{M}{T} = \frac{\dfrac{P}{2}(a-x)}{\dfrac{P}{2}} = a - x$$

ist, ist die Gleichung für isoklinische Kurven

$$\tan 2\,\Phi_2 = \frac{a-x}{b \cdot s} = \frac{X}{b \cdot s}.$$

Abb. 9 zeigt die isoklinischen Kurven und die danach gezeichneten Spannungstrajektorien für den Fall

$$\gamma = \frac{a}{b} = 3 \, .$$

d) Träger, einfach gestützt an den Enden, gleichmäßig belastet. Weil

$$K = \frac{M}{T} = \frac{p}{2} \frac{(l-X)\,X}{\dfrac{p}{2}\,(l-2X)} = \frac{a^2 - x^2}{2\,x}$$

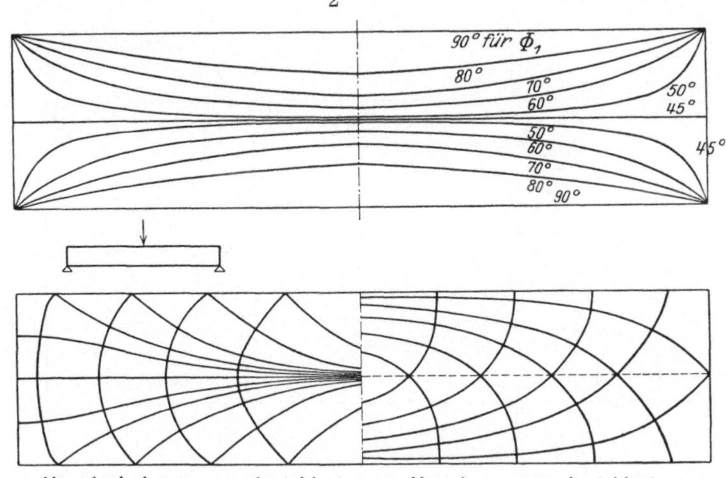

Abb. 9.

ist, so ist die Gleichung für isoklinische Kurven

$$\tan 2\,\Phi_2 = \frac{1}{2} \frac{a^2 - x^2}{x} \cdot \frac{1}{\dfrac{b^2 - y^2}{y}} = \frac{1}{2} \frac{a}{b} \frac{1 - \xi'^2}{\xi'} \cdot \frac{\eta}{1 - \eta^2}\,, \qquad (9)$$

wo

$$\xi' = \frac{x}{a}^* \, ; \quad \eta = \frac{x}{b}$$

ist. Wenn man

$$\tan 2\,\Phi_2 = \frac{1}{2} \frac{a}{b} \qquad (9')$$

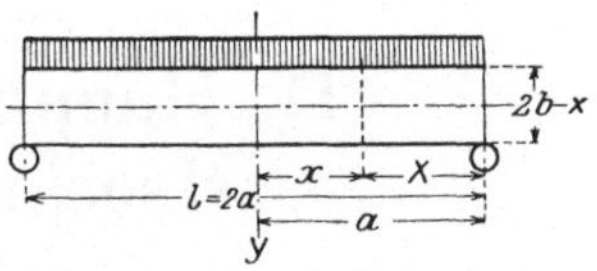

annimmt, so besteht die Gleichung

$$\frac{1 - \xi'^2}{\xi'} = \frac{1 - \eta^2}{\eta}$$

Ein reeller Faktor der Gleichung ist

$$\eta = \xi' \qquad (9'')$$

Abb. 10.

---

* ξ' ist zu unterscheiden von $\xi = \dfrac{x}{b}$, was später vorkommt.

D. h. die Kurve in diesem Falle ist eine Gerade durch die Punkte (o, o) und (a, b). Die Neigung der Hauptschubspannung an jedem Punkt ist durch Gl. (9') gegeben.

Z. B.   für $\frac{a}{b} = 4$ ist $\tan 2\Phi_2 = 2 = \tan 63^0\,30'$.   Daraus folgt $\Phi_2 = 31^0\,45'$,

für $\frac{a}{b} = 2$ ist $\tan 2\Phi_2 = 1 = \tan 45^0$.   Daraus folgt $\Phi_2 = 22{,}5^0$,

für $\frac{a}{b} = 1$ ist $\tan 2\Phi_2 = \frac{1}{2} = \tan 26^0\,30'$.   Daraus folgt $\Phi_2 = 13^0\,15'$.

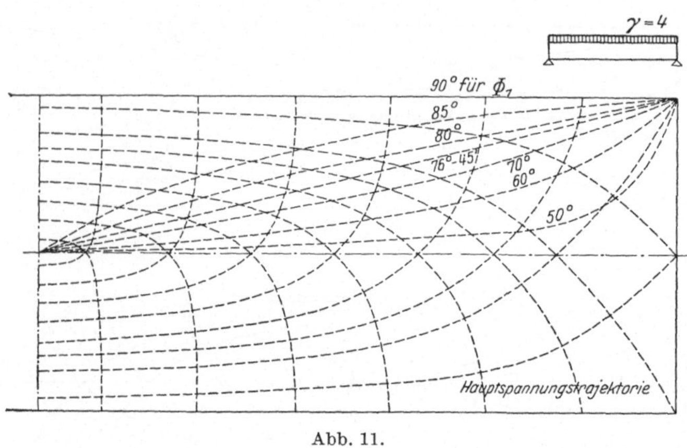

Abb. 11.

Diese Gerade kann man anwenden, um nachzuprüfen, ob die Trajektorien richtig sind. Die isoklinischen Kurven werden flacher, je nachdem das Verhältnis $\frac{a}{b}$ größer wird, und zwar im Falle $\frac{a}{b} = \infty$ stimmen die Kurven mit denjenigen in gleichmäßig belasteten Kragträgern überein. Abb. 11 zeigt die isoklinischen Kurven und die danach gezeichneten Spannungstrajektorien, indem $\frac{a}{b} = 4$ angenommen wird.

II. Hauptschubspannungskurven.
(Isochromatische Kurven.)

§ 5. Einführung der Hauptschubspannungskurven in die Spannungsorientierung im Balken.

Ich habe schon in der Einleitung gezeigt ,daß die Spannungstrajektorie nicht genügt, um die Spannungsverteilung im Balken hinreichend auszudrücken. Es fehlt das wichtigste, d. h. die anschauliche Zeichnung der Spannungsgröße im Balken. Wenn man nun nicht vergißt, daß wir den Spannungszustand im homogen angesehenen Balken behandeln, in dem das Verhältnis der Spannung zur Formänderung dem Hooke-schen Gesetz folgt, so muß man vor allem die Hauptschubspannungs-größen betrachten. Wir wollen deshalb die Kurven, die durch die Punkte der gleichen Hauptschubspannungen gehen, aufzeichnen, und sie Hauptschubspannungskurven nennen. Beim oben genannten Versuch mit Glasbalken zwischen gekreuzten Nikols sieht man bei zirkular polarisiertem Licht farbige Streifen im Gesichtsfeld. Diese Farben sind die Interferenzfarben infolge der Doppelbrechung des belasteten Glaskörpers, und die Doppelbrechung ist nach der Neumannschen[1] Voraussetzung der Hauptspannungsdifferenz und deshalb der Haupt-schubspannung proportional. Daraus kann man ohne weiteres schließen, daß die Stellen derselben Färbung auch dieselbe Hauptschubspannung haben. Diese Kurven hat Maxwell „Isochromatic Lines" genannt. Weil dieser Terminus in Rücksicht auf das optische Experiment ge-wählt ist, und für die theoretische Orientierung über die Spannung das Wort „isochrom" seine Bedeutung verliert, möchte ich sie hier nach ihrer Kurveneigenschaft Hauptschubspannungskurve nennen[2].

Ich will zuerst die Hauptschubspannungskurven für einige Fälle nach der gewöhnlichen Balkentheorie ermitteln, um sie später mit den genaueren vergleichen zu können.

§ 6. Beispiele der Hauptschubspannungskurven.

a) Kragträger mit einer Last am Ende. Infolge der Gl. (4), (4′) und (2) in § 2 erhalten wir

$$2\,\tau_{12} = \sqrt{\frac{M^2}{J^2}\,y^2 + \frac{T^2}{J^2}(b^2 - y^2)^2}\,.$$

Daraus folgt

$$\frac{4\,\tau_{12}^2\,J^2}{P^2} = x^2\,y^2 + (b^2 - y^2)^2.$$

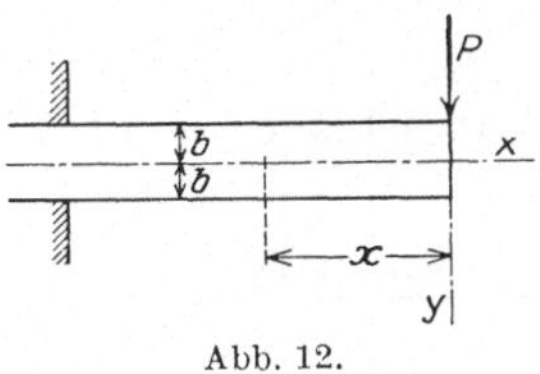

Abb. 12.

Man setze in der Gleichung

$$n = \frac{\tau_{12}\,J}{b^2\,P} = \frac{2}{3}\,\frac{\tau_{12}\,b}{P}\,,$$

so erhält man (angenommen die Balkenbreite $= 1$)

$$x = \pm\,b\,\sqrt{\frac{4\,n^2 - (1 - \eta^2)^2}{\eta^2}} = \pm\,b\,\sqrt{\frac{4\,n^2}{\eta^2} - s^2}\,, \tag{1}$$

$$\text{wo}\qquad \eta = \frac{y}{b}\quad \text{und}\quad s = \frac{1 - \eta^2}{\eta}\quad \text{sind.}$$

---

[1] Neumann, Gesammelte Werke, 3. Bd., 1912: „Die Gesetze der Doppel-brechung des Lichtes in komprimierten oder ungleichförmig erwärmten unkristal-linischen Körpern".

[2] Den Ausdruck „isoklinische Kurven" kann man ebenfalls zur Orientierung über die Spannung brauchen, weil das Wort „isoklin" auch für diese Sinn hat.

Abb. 13 zeigt die Hauptschubspannungskurven nach Gl. (1), dabei habe ich auch die Hauptspannungskurven, d. h. die Kurven σ_1, zum Vergleich mit punktierten Linien gezeichnet[1].

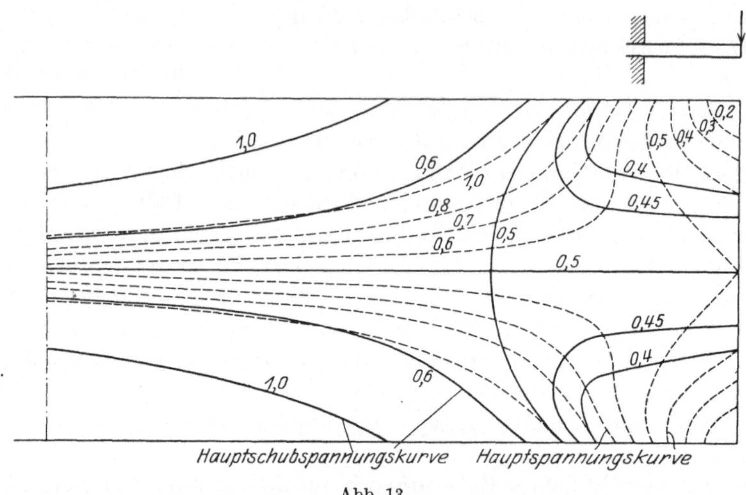

Abb. 13.

b) Kragträger, gleichmäßig belastet. Infolge (2) in § 2

$$4\,\tau_{12}^2 = \frac{M^2}{J^2}\,y^2 + \frac{T^2}{J^2}\,(b^2 - y^2)^2\ .$$

$$\frac{4\,\tau_{12}^2\,J^2}{T^2} = K^2 y^2 + (b^2 - y^2)^2.$$

Man setze $K = \dfrac{x}{2}$, $T^2 = p^2 x^2$ in die Gleichung, so erhält man

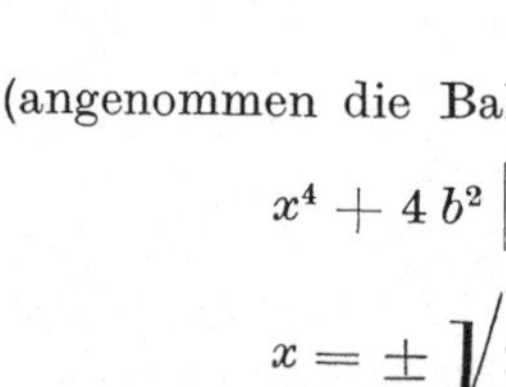

$$\frac{4\,\tau_{12}^2\,J^2}{p^2} = \frac{x^4}{4}\,y^2 + (b^2 - y^2)^2\,x^2$$

$$\frac{4\,\tau_{12}^2\,J^2}{p^2\,b^4} = \frac{x^4}{4\,b^2}\,\eta^2 + (1 - \eta^2)^2\,x^2,$$

wo $\eta = \dfrac{y}{b}$ ist.

Wenn

$$n = \frac{2\,\tau_{12}\,J}{p\,b^3} = \frac{4}{3}\,\frac{\tau_{12}}{p}$$

Abb. 14.

(angenommen die Balkenbreite = 1) gesetzt wird, so ist

$$x^4 + 4\,b^2 \left[\frac{(1 - \eta^2)}{\eta}\right]^2 x^2 - \frac{4\,b^4\,n^2}{\eta^2} = 0$$

$$x = \pm \sqrt{2\,b^2 \left(- s^2 + \sqrt{s^4 + \frac{n^2}{\eta^2}}\right)}, \quad \text{wo} \quad s = \frac{1 - \eta^2}{\eta} \quad \text{ist.} \quad (2)$$

---

[1] Die Gleichung für die Hauptspannungskurven ist

$$n = x\,y + \sqrt{x^2\,y^2 + (b^2 - y^2)^2}, \quad \text{wo} \quad n = \frac{\sigma_1\,J}{P} \quad \text{ist.}$$

Abb. 15 ist nach Gl. (2) gezeichnet. In der Abbildung bedeuten die punktierten Linien die Hauptspannungskurven.

c) Träger, einfach gestützt an den Enden, mit einer Last in der Mitte. In diesem Falle ist die Gleichung dieselbe wie im Falle a), nur mit dem Unterschied

$$n = \frac{2\,\tau_{12}\,J}{b^2\,P} = \frac{4}{3}\frac{\tau_{12}\,b}{P}\left(\text{statt}\quad n = \frac{2}{3}\frac{\tau_{12}\,b}{P}\right)$$

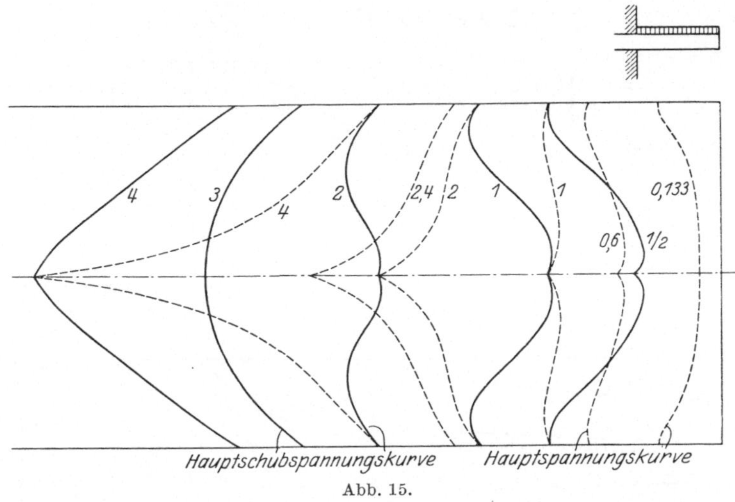

Abb. 15.

Die Gleichung ist

$$\frac{(a-x)^2}{b^2} = \frac{4\,n^2 - (1-\eta^2)^2}{\eta^2}$$

oder

$$X = b\sqrt{\frac{4\,n^2}{\eta^2} - s^2}. \tag{3}$$

Abb. 13 ist natürlich für diesen Fall auch anwendbar.

d) Träger, einfach gestützt an den Enden, gleichmäßig belastet. Wenn

$$T = p\,x, \quad M = \frac{p}{2}(a^2 - x^2)$$

in die Gleichung

$$\frac{4\,\tau_{12}^2\,J^2}{p^2\,x^2} = K^2\,y^2 + (b^2 - y^2)^2$$

eingesetzt wird, so erhalten wir

$$\frac{4\,\tau_{12}^2\,J^2}{p^2\,x^2} = \frac{(a^2 - x^2)^2\,y^2}{4\,x^2} + (b^2 - y^2)^2.$$

Man setze

$$\frac{2\,\tau_{12}\,J}{p\,b^3} = n = \frac{4}{3}\frac{\tau_{12}}{p}.$$

Daraus folgt

$$n^2 = \frac{(\gamma^2 - \xi^2)^2\,\eta^2}{4} + (1 - \eta^2)^2\,\xi^2, \quad \text{wo} \quad \left\{\begin{array}{l} \gamma = \dfrac{a}{b} \\[2mm] \eta = \dfrac{y}{b} \\[2mm] \xi = \dfrac{x}{b} \end{array}\right\} \quad \text{ist.}$$

Oder

$$\xi^4 + 2\,(2\,s^2 - \gamma^2)\,\xi^2 + \gamma^4 - \frac{4\,n^2}{\eta^2} = 0.$$

$$\xi = \sqrt{\sqrt{(2\,s^2 - \gamma^2)^2 - \gamma^4 + \frac{4\,n^2}{\eta^2}} - (2\,s^2 - \gamma^2)}. \tag{4}$$

Für $\xi = 0$ ist

$$\eta = \frac{2\,n}{\gamma^2}. \tag{4$'$}$$

Für $\xi = \gamma$ ist

$$\eta = \sqrt{1 - \frac{n}{\gamma}}. \tag{4$''$}$$

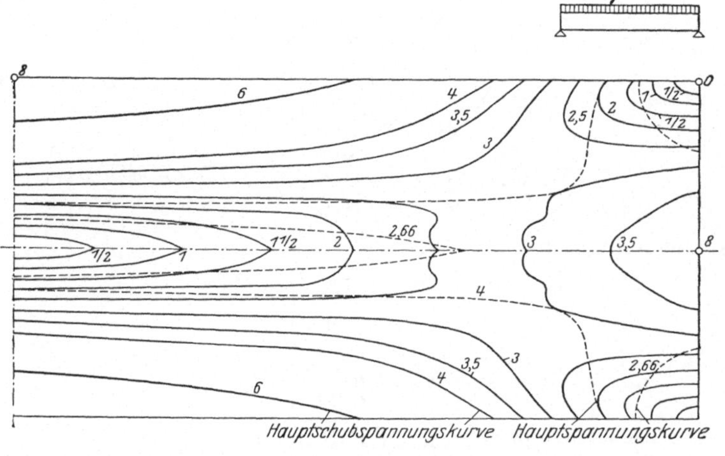

Abb. 16.

Infolge (4) erhalten wir die Hauptschubspannungskurven in der Abb. 16 indem das Verhältnis $\gamma = \dfrac{a}{b} = 4$ angenommen ist.

III. Spannungskurven, gerechnet nach Airyscher Funktion.

§ 7. Airysche Funktion.

Wir haben bekanntlich für die allgemeinen Gleichgewichtsbedingungen eines homogenen elastischen Körpers die folgenden Gleichungen bei fehlender Massenkraft:

$$\frac{\partial \sigma_x}{\partial x} + \frac{\partial \tau_y}{\partial z} + \frac{\partial \tau_z}{\partial y} = 0 \, ,$$
$$\frac{\partial \sigma_y}{\partial y} + \frac{\partial \tau_z}{\partial x} + \frac{\partial \tau_x}{\partial z} = 0 \, ,$$
$$\frac{\partial \sigma_z}{\partial z} + \frac{\partial \tau_x}{\partial y} + \frac{\partial \tau_y}{\partial x} = 0 \, , \qquad (1)$$

in denen σ die Normalspannung, τ die Schubspannung bedeutet. Für ebenen Spannungszustand in der XY-Ebene ist $\sigma_z = 0$ und $\tau_x = \tau_y = 0$[1]. Somit gehen die Gl. (1) in die folgende Form über:

$$\frac{\partial \sigma_x}{\partial x} = \frac{\partial \tau_z}{\partial y} = 0 \, ,$$
$$\frac{\partial \sigma_y}{\partial y} = \frac{\partial \tau_z}{\partial x} = 0 \, . \qquad (1\mathrm{a})$$

Daraus folgt

$$\sigma_x = \frac{\partial^2 F}{\partial y^2} \, , \qquad \sigma_y = \frac{\partial^2 F}{\partial x^2} \, , \qquad \tau_z = - \frac{\partial^2 F}{\partial x \, \partial y} \qquad (2)$$

Wir erhalten drei Spannungskomponenten in Form der partiellen Ableitung einer Funktion von xy. Airy hat schon im Jahre 1862 diese Funktion behandelt, und man benennt sie nach ihm[2].

Diese Funktion muß ganz allgemein neben den Randbedingungen der folgenden Bedingung genügen, die man von den Formänderungsgleichungen mit Rücksicht auf Gl. (2) ableiten kann[3].

$$\frac{\partial^4 F}{\partial x^4} + 2 \frac{\partial^4 F}{\partial x^2 \, \partial y^2} + \frac{\partial^4 F}{\partial y^4} = 0 \, . \qquad (3)$$

---

[1] In bezug auf das Ebenenproblem sind zwei Voraussetzungen möglich, nämlich ebener Formänderungszustand und ebener Spannungszustand. Wenn man mit w die Längsänderung nach der Z-Achsenrichtung bezeichnet, so ist im ersten Falle $w = 0$. Dies ist der Fall beim Balken mit großer Dicke. Der ebene Spannungszustand kommt beim Balken mit geringer Dicke vor. Beim gewöhnlichen Balken kann man den ebenen Spannungszustand annehmen.

[2] „On the strains in the interior of beams". Phil. Trans. Vol. 153.

[3] Wenn u und v die Längsänderung in den Richtungen X und Y bedeuten, erhält man folgende Beziehung zwischen Spannungen und Formänderungen:

$$E \frac{\partial u}{\partial z} = \sigma_x - \frac{\sigma_y}{\mu} \, , \qquad \text{wo } E : \text{Elastizitätsmodul}$$
$$E \frac{\partial v}{\partial y} = \sigma_y - \frac{\sigma_x}{\mu} \, , \qquad \mu : \text{Poisson'sche Zahl}$$
$$G \left(\frac{\partial u}{\partial y} + \frac{\partial v}{\partial x} \right) = \tau \, , \qquad G : \text{Schubelastizitätsmodul ist.}$$

Daraus folgt die Gl. (4) mit Rücksicht auf die Gl. (2) und auch auf die bekannte Beziehung zwischen elastischen Konstanten.

$$G = E \frac{\mu}{2 (\mu + 1)} \, .$$

Man schreibt die Gleichung gewöhnlich $\Delta^2 F$ oder $\Delta \Delta F = 0$, indem $\Delta = \frac{\partial}{\partial x} + \frac{\partial}{\partial y}$ bedeutet.

§ 8. Beispiele der Lösung des Balkenproblems durch Airysche Spannungsfunktion.

a) Kragträger, gleichmäßig belastet. Weil $M = \frac{p}{2}(l-x)^2$ ist, kann man wohl annehmen, daß die Spannung σ_x die Form

$$\sigma_x = \frac{\partial^2 F}{\partial y^2} = A\,y\,(l-x)^2 + \frac{d^2 Y_1}{d\,y^2} \tag{4}$$

hat, wo Y_1 eine reine Funktion von y und A eine Konstante ist. Die Schubspannung ist zur Schubkraft proportional und muß an der oberen und unteren Kante Null sein. Daher ist die Schubspannungsgleichung vermutlich

$$\tau = -\frac{\partial^2 F}{\partial x\,\partial y} = B\,(l-x)\,(y^2 - b^2), \tag{5}$$

wo B eine Konstante ist.

Durch Integration der Gleichung (4) nach y haben wir

$$\frac{\partial F}{\partial y} = \frac{A\,y^2}{2}(l-x)^2 + \frac{d\,Y_1}{d\,y} + X_1\,. \tag{4a}$$

Durch Integration der Gl. (5) nach x haben wir

$$\frac{\partial F}{\partial y} = -B\,(y^2 - b^2)\,l\,x + B\,(y^2 - b^2)\,\frac{x^2}{2} + Y_2$$

$$= \frac{B\,y^2}{2}(l-x)^2 + \frac{B\,b^2\,x}{2}(2l-x) + Y_2 - \frac{B}{2}\,y^2\,l^2 \tag{5a}$$

Weil diese Gleichung der von (4a) gleich sein muß, erhalten wir die folgenden Beziehungen:

$$\left.\begin{aligned} A &= B\,, \\ X_1 &= B\,\frac{b^2\,x}{2}(2l-x), \\ \frac{d\,Y_1}{d\,y} &= Y_2 - \frac{B\,y^2}{2}\,l^2\,. \end{aligned}\right\} \tag{6}$$

Wir haben nun statt (4a)

$$\frac{\partial F}{\partial y} = \frac{A\,y^2}{2}(l-x)^2 + A\,b^2\,\frac{x}{2}(2l-x) + \frac{d\,Y_1}{d\,y}\,.$$

Daraus folgt

$$F = \frac{A\,y^3}{6}(l-x)^2 + A\,\frac{b^2\,x\,y}{2}(2l-x) + X_2 + Y_1\,, \tag{7}$$

$$\frac{\partial F}{\partial x} = -\frac{A}{3}\,y^3\,(l-x) + A\,b^2\,y\,l - A\,b^2\,x\,y + \frac{d\,X_2}{d\,x}\,.$$

$$\sigma_y = \frac{\partial^2 F}{\partial x^2} = \frac{A}{3}\,y^3 - A\,b^2\,y + \frac{d^2 X_2}{d\,x^2}\,. \tag{8}$$

σ_v muß für $y = + b,\ - p$ und für $y = - b$ Null sein. Daraus folgt

$$- p = \frac{A}{3}\, b^3 - A\, b^3 + \frac{d^2 X_2}{d x^2}$$

$$\left.\begin{aligned} &= - A\,\frac{2}{3}\, b^3 + \frac{d^2 X_2}{d x^2} \\ 0 &= + A\,\frac{2}{3}\, b^3 + \frac{d^2 X_2}{d x^2} \end{aligned}\right\} \tag{9}$$

$$\frac{d^2 X_2}{d x^2} = - \frac{p}{2}, \quad \frac{4}{3}\, A\, b^3 = p, \quad A = \frac{3p}{4\, b^3}.$$

Die Spannungsfunktion ist jetzt

$$F = \frac{A}{6}\, y^3\, (l - x)^2 + \frac{A}{2}\, b^2\, x\, (2\, l - x)\, y - \frac{p\, x^2}{4} + Y_1.$$

Die Glieder, die in unserem Falle keine Bedeutung haben, sind vernachlässigt. Durch Vergleich mit der Bedingungsgleichung (3) der
Spannungsfunktion erhalten wir

$$\frac{d^4 Y_1}{d y^4} + 4\, A\, y = 0.$$

Daraus folgt

$$\frac{d^2 Y_1}{d y^2} = C_2 + C_1\, y - \frac{4}{6}\, A\, y^3.$$

Infolge (4)

$$\sigma_x = A_y\, (l - x)^2 + C_1\, y - \frac{2}{3}\, A\, y^3. \tag{10}$$

Hierbei muß die Konstante C_2 Null sein, weil für $x = l$ σ_x immer Null
sein muß, unabhängig von y.
Daraus folgt

$$\int\limits_{-b}^{+b} \sigma_x\, y\, dy = \left[A\, (l - x)^2\, \frac{y^3}{3} - \frac{2}{3}\, \frac{A\, y^5}{5} + \frac{C_1\, y^3}{3} \right]_{-b}^{+b}$$

$$= \left[2\frac{A}{3}\, (l - x)^2\, b^3 - \frac{4}{3} \cdot \frac{A\, b^5}{5} + 2\, C_1\, \frac{b^3}{3} \right]$$

$$= \left[\frac{p}{2}\, (l - x)^2 - \frac{p\, b^2}{5} + 2\, c_1\, \frac{b^3}{3} \right].$$

$\int\limits_{-b}^{+b} \sigma_x\, y\, dy$ gleicht anderseits dem Moment an der Stelle $M = \frac{p}{2}\, (l - x)^2$.

Daraus folgt

$$p\, \frac{b^2}{5} = + 2\, C_1\, \frac{b^3}{3} \qquad C_1 = + \frac{3}{10}\, \frac{p}{b}. \tag{11}$$

Wir erhalten danach

$$\begin{aligned}
\sigma_x &= \frac{3}{4}\frac{p}{b^3}y(l-x)^2 + \frac{3}{10}\frac{p}{b}y - \frac{p}{2}\frac{y^3}{b^3}\\
&= \frac{p}{2}\left(\frac{3}{2}(l-x)^2\frac{y}{b^3} + \frac{3}{5}\frac{y}{b} - \frac{y^3}{b^3}\right),\\
\sigma_y &= \frac{p}{2}\left(\frac{y^3}{2b^3} - \frac{3}{2}\frac{y}{b} - 1\right). \quad \text{Infolge (8)}\\
\tau &= -\frac{p}{2}\cdot\frac{3}{2b^3}(l-x)(y^2-b^2).
\end{aligned} \qquad (12)$$

b) Träger, gestützt an den Enden, gleichmäßig belastet. Wir erhalten in derselben Weise wie im Falle a)

$$F = -\frac{p}{8}\left\{\frac{y^3}{b^3}(a^2-x^2) + \frac{3y}{b}x^2 + 2x^2\right\} + \frac{p}{20}\cdot\frac{y}{b}\left(y^2 - \frac{y^4}{2b^2}\right) \quad (13)^{[1]}$$

und die Spannungskomponenten sind

$$\begin{aligned}
\sigma_x &= \frac{p}{2}\left(-\frac{3}{2}y\frac{a^2-x^2}{b^3} - \frac{y^3}{b^3} + \frac{3}{5}\frac{y}{b}\right),\\
\sigma_y &= \frac{p}{2}\left(-\frac{3}{2}\frac{y}{b} + \frac{1}{2}\frac{y^3}{b^3} - 1\right),\\
\tau &= -\frac{3}{4}\frac{px}{b^3}(y^2-b^2).
\end{aligned} \qquad (14)$$

Anmerkung: Wir müssen aber darauf achten, daß die Spannung σ_x an den Balkenenden in beiden oben erwähnten Fällen nicht verschwindet, trotzdem sie theoretisch Null sein muß. Darin liegt noch eine Unvollkommenheit der Lösung Es darf deshalb nicht vergessen werden, daß diese Darstellung in einigem Abstand von den Enden erst streng gültig ist.

§ 9. Spannungskurven, genauer berechnet mit Hilfe Airyscher Funktion.

a) Kragträger, gleichmäßig belastet.

1. Isoklinische Kurven.

$$\tan 2\,\varPhi_3 = \frac{\sigma_x - \sigma_y}{2\tau} = \frac{\dfrac{p}{2}\left(\dfrac{3}{2}\dfrac{(l-x^2)}{b^3}y - \dfrac{y^3}{b^3} + \dfrac{3}{5}\dfrac{y}{b} - \dfrac{y^3}{2b^3} + \dfrac{3y}{b} + 1\right)}{-\dfrac{3}{2}\dfrac{p}{b^3}(l-x)(y^2-b^2)}$$

$$= \frac{\dfrac{3}{2}\dfrac{(l-x)^2y}{b} - \dfrac{3}{2}\dfrac{y^3}{b^3} + \dfrac{21}{10}\cdot\dfrac{y}{b} + 1}{-3\dfrac{(l-x)(y^2-b^2)}{b^3}}$$

---

[1] S. Lorenz: Elastizitätslehre, § 52, oder Föppl: Drang und Zwang, § 42.

Wenn $\frac{y}{b} = \eta$ gesetzt wird

$$\tan 2\,\Phi_2 = \frac{\dfrac{1}{2}\,\dfrac{(l-x)^2\,\eta}{b^2} - \dfrac{\eta^3}{2} + \dfrac{7}{10}\,\eta + \dfrac{1}{3}}{\dfrac{(l-x)}{b}\,(1-\eta^2)}$$

$$= \frac{\dfrac{X^2}{b^2} - \eta^2 + \dfrac{7}{5} + \dfrac{2}{3\,\eta}}{-\dfrac{2\,X}{b}\,\dfrac{(1-\eta^2)}{\eta}}, \quad \text{wo}\quad l - x = -X\ \text{ist.}$$

$$= \frac{\dfrac{X^2}{b^2} - K}{-\dfrac{2\,X}{b}\cdot s} = A\,.$$

Daraus folgt

$$\frac{X}{b} = -A\cdot s \pm \sqrt{(A\cdot s)^2 + K}, \tag{15}$$

wo

$$\left.\begin{array}{l} A = \tan 2\,\Phi_2\,, \\[2mm] S = \dfrac{1-\eta^2}{\eta}\,, \\[2mm] K = \eta^2 - \dfrac{0{,}666}{\eta} - 1{,}4 \end{array}\right\} \quad \text{ist.}$$

Wir müssen aber hier darauf achten, daß die Gleichung für das Ende nicht gültig ist, wie wir schon in den letzten Paragraphen bemerkt haben. Weil die Spannungen σ_x und τ für den Querschnitt $X = 0$ Null sein müssen, ist die Vertikalkante selbst die isoklinische Kurve für $\Phi_1 = 90^0$. Die isoklinischen Kurven treffen sich am unteren Eckpunkt. Davon kann man sich überzeugen durch den optischen Versuch mit einem Glasbalken. (Vgl. Abb. 114a, 115a.) Wir erhalten schließlich die Kurven wie Abb. 17a zeigt, dabei ist die Hauptspannungstrajektorie auch aufgezeichnet. Wie man in Abb. 17a sieht, sind die Kurven oberhalb der X-Achse nach unten zu konkav[1]. Man merkt hier, daß die Kurven ganz anders aussehen als diejenigen nach gewöhnlicher Theorie (vgl. Abb. 7).

2. Hauptschubspannungskurven. In diesem Falle

$$4\,\tau_{12}^2 = (\sigma x - \sigma y)^2 + 4\,\tau^2\,,$$

$$4\,\tau_{12}^2 - \left[\frac{3}{4}\,p\,\eta\,(\xi^2 - k)\right]^2 - \frac{4\cdot 3^2}{4^2}\,p^2\,\eta^2\,\xi^2\,s^2 = 0\,,$$

oder

$$\frac{4^3}{3^2}\,\frac{\tau_{12}^2}{p^2\eta^2} - \xi^4 + 2\,(k - 2\,s^2)\,\xi^2 - K^2 = 0\,,$$

---

[1] Die Gleichung durch die höchsten Punkte der Kurven ist $\dfrac{x}{b} = \sqrt{-k}$.

$$\text{wo} \quad \begin{cases} \xi = \dfrac{l-x}{b}, \\[2mm] \eta = \dfrac{y}{b}, \\[2mm] s = \dfrac{1-\eta^2}{\eta} \end{cases} \quad \text{ist.}$$

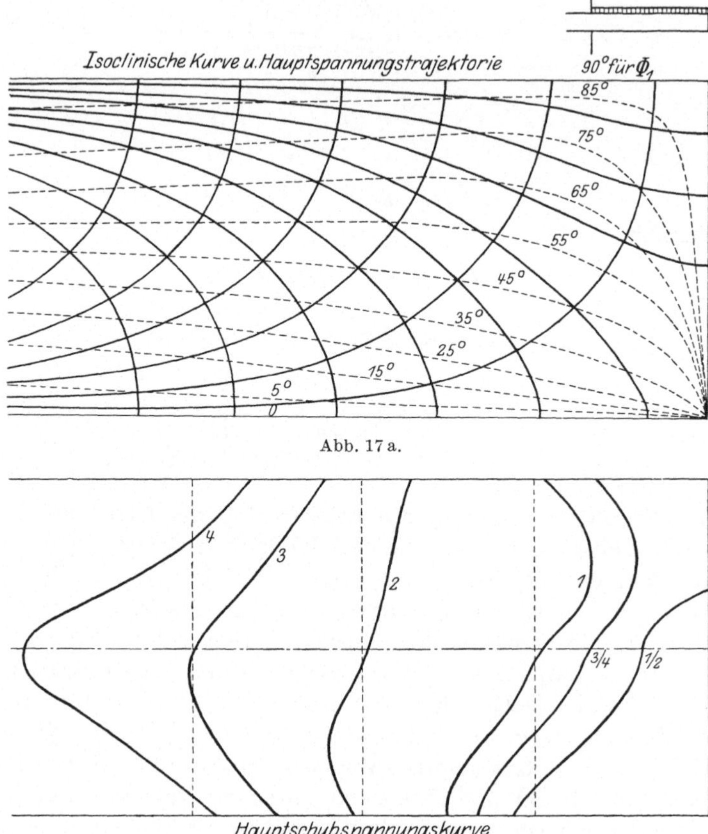

Abb. 17 a.

Abb. 17 b.

Wenn $\dfrac{4}{3}\dfrac{\tau_{12}}{p} = n$ gesetzt wird, so ist

$$\xi = \sqrt{(K-2\,s^2) \pm \sqrt{(K-2\,s^2) - \left(K^2 - \frac{4\,n^2}{\eta^2}\right)}}. \tag{16}$$

Wir erhalten danach die Hauptschubspannungskurven wie Abb. 17 b
zeigt.   Man vergleiche diese mit Abb. 15, in der die Kurven nach
gewöhnlicher Balkentheorie gezeichnet sind.

b) Träger, gestützt an den Enden, gleichmäßig belastet.

1. Isoklinische Kurven und Spannungstrajektorien.

$$\tan 2\,\Phi_2 = \frac{\sigma_x - \sigma_y}{2\,\tau},$$

$$= \frac{\dfrac{p}{2}\left\{ -\dfrac{3}{2}\,y\,\dfrac{a^2 - x^2}{b^3} - \dfrac{y^3}{b^3} + \dfrac{3}{5}\,\dfrac{y}{b} + \dfrac{3}{2}\,\dfrac{y}{b} - \dfrac{1}{2}\,\dfrac{y^3}{b^3} + 1 \right\}}{-2\cdot\dfrac{3}{4}\,p\,\dfrac{x}{b^3}\,(y^2 - b^2)},$$

$$= \frac{-\dfrac{3}{2}\,\eta\,(\gamma^2 - \xi^2) - \dfrac{3}{2}\,\eta^3 + \dfrac{21}{10}\,\eta + 1}{3\,\xi\,(1 - \eta^2)},$$

$$= \frac{-(\gamma^2 - \xi^2) - \left(\eta^2 - \dfrac{7}{5} - \dfrac{2}{3\,\eta}\right)}{2\,\xi\,\dfrac{(1 - \eta^2)}{\eta}},$$

$$= \frac{-(\gamma^2 - \xi^2) - k}{2\,\xi\cdot S} = A, \qquad \text{wo} \quad \left\{\begin{array}{l} \gamma = \dfrac{a}{b} \\[4pt] \eta = \dfrac{y}{b} \\[4pt] \xi = \dfrac{x}{b} \end{array}\right\} \text{ ist.}$$

Daraus folgt

$$\xi^2 - 2\,\xi\cdot S\cdot A - (\gamma^2 + K) = 0,$$

$$\xi = S\cdot A \pm \sqrt{S^2 A^2 + \gamma^2 + K}, \tag{17}$$

$$\text{wo} \quad \left\{\begin{array}{l} A = \tan 2\,\Phi_2, \\[4pt] S = \dfrac{1 - \eta^2}{\eta}, \\[4pt] K = \left(\eta^2 - \dfrac{0{,}666}{\eta} - 1\cdot 4\right) \end{array}\right\} \text{ ist.}$$

Auf dem Querschnitt $x = 0$ hat der Punkt, in dem $\sigma_x - \sigma_y = 0$ ist, in keiner Richtung Schubspannung. Dieser Punkt im Glasbalken zwischen gekreuzten Nikols bleibt dunkel, auch wenn man die Nikols umdreht. Die Gleichung für den Punkt ist $K = -\gamma^2$. Durch die graphische Lösung dieser Gleichung des 3. Grades erhält man

$$\text{für } \gamma = 4 \quad \eta = 0{,}045$$
$$\text{,, } \gamma = 3 \quad \eta = 0{,}09$$
$$\text{,, } \gamma = 2 \quad \eta = 0{,}25\,.$$

Für $\gamma = \infty$ stimmt der Punkt mit dem Nullpunkt der Koordinaten überein. Es gibt noch zwei Punkte auf der oberen Kante, in denen $\sigma_x = \sigma_y$ und $\tau = 0$ ist. Diese Punkte bleiben beim optischen Versuch mit Glasbalken im Gesichtsfeld auch dunkel, trotz der Umdrehung der Nikols. Wir kommen in Abschnitt VII darauf wieder zurück. (Siehe auch Fußnote S. 34.)

Abb. 18a zeigt die isoklinischen Kurven und Spannungstrajektorien nach Gl. (17), indem $\gamma = 4$ angenommen ist (vgl. Abb. 11). Wieder ist zu beachten, daß durch die Unvollkommenheit der Lösung die Kurven nahe dem Ende nicht streng richtig sind. Nach der Mitte zu sind sie

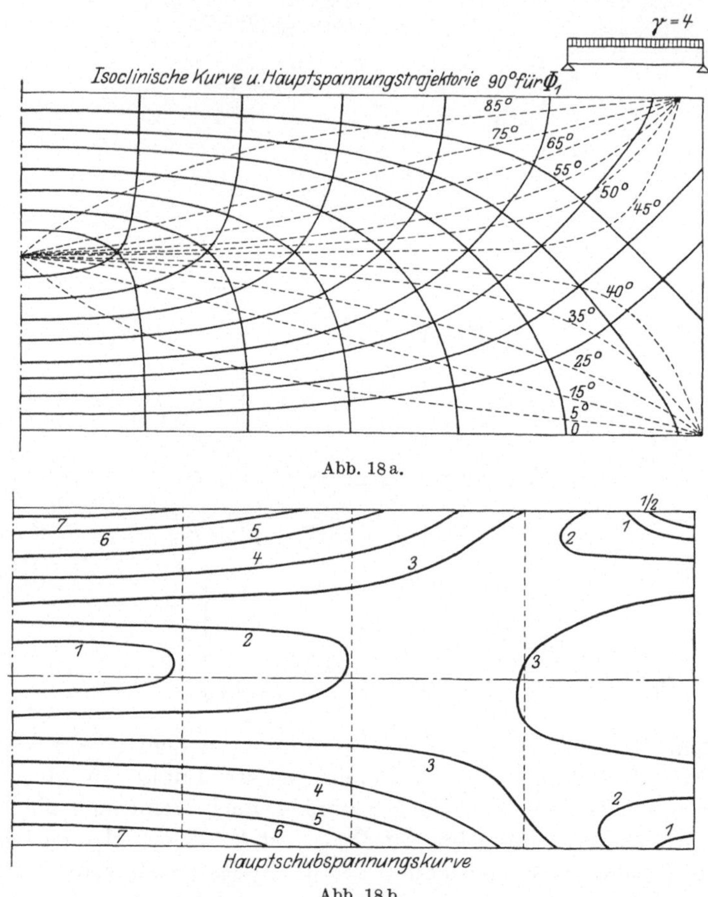

Abb. 18a.

Hauptschubspannungskurve

Abb. 18b.

aber theoretisch genau richtig. Das Gebiet nahe dem Ende wollen wir im nächsten Abschnitt genauer beobachten.

2. Hauptschubspannungskurven.

$$4\,\tau_{12}^2 - \left[\frac{3}{4}\,p\,\eta\,(\xi^2 - \gamma^2 - K)\right]^2 - 4\left(\frac{3}{4}\,\eta\,p\,\xi\,S\right)^2 = 0,$$

$$\frac{8^2}{3^2}\,\frac{\tau_{12}^2}{p^2\,\eta^2} - (\xi^2 - \gamma^2 - K)^2 - 4\,\xi^2\,S^2 = 0.$$

Wenn $\dfrac{4\,\tau_{12}}{3\,p} = n$ gesetzt wird, so ist

$$\frac{4\,n^2}{\eta^2} - \xi^4 + 2\left[(\gamma^2 + K) - 2\,S^2\right]\xi^2 - (\gamma^2 + K)^2 = 0,$$

$$\xi = \sqrt{\gamma^2 + K - 2\,S^2) \pm \sqrt{(\gamma^2 + K - 2\,S^2)^2 - \left[(\gamma^2 + K)^2 - \frac{4\,n^2}{\eta^2}\right]}}. \quad (18)$$

Für $\qquad\qquad \xi = \quad 0: \quad \eta = \dfrac{2\,n}{\gamma^2 + K}.$

$$\left.\begin{aligned}
&\text{Für} &&\eta = \quad 0: &&\xi = \sqrt{n^2 - \frac{1}{9}}.\\[4pt]
&\text{Für} &&\eta = +1: &&\xi = \sqrt{\gamma^2 - 1{,}066 - 2\,n}.\\[4pt]
&\text{Für} &&\eta = -1: &&\xi = \sqrt{0{,}267 + \gamma^2 - 2\,n}.
\end{aligned}\right\} \quad (18')$$

In Abb. 19 sieht man die Änderung der Spannung τ_{12} in dem Querschnitt in der Spannmitte, gerechnet nach gewöhnlicher und nach genauer Theorie. Abb. 18 zeigt die Hauptschubspannungskurven nach Gl. (18), die mit Abb. 16 verglichen werden soll.

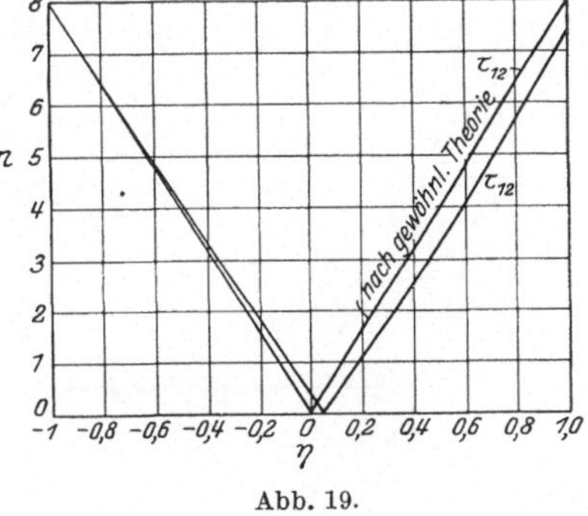

Abb. 19.

IV. Lokale Störung.
§ 10. Übersicht.

Trotzdem die lokalen Störungen auf die Spannungsverteilung großen Einfluß haben, fehlt noch eine genaue Untersuchung darüber. Die theoretische Behandlung dieser Aufgabe ist sehr verwickelt und nur zum Teil gelöst. Filon hat sich mit der lokalen Störung in der Mitte des Balkens beschäftigt, indem er eine allgemeine Lösung des Balkens als Ebenenproblem in Form eines bestimmten Integrals aufgestellt hat[1]. Später hat er durch seine optischen Versuche die isoklinischen Kurven in der Mitte des an zwei Punkten gestützten und in der Mitte belasteten Balkens nachgeprüft[2]. Aber er ist nicht dazu gekommen, die gesamten Spannungskurven zu ermitteln. Bleich hat kürzlich nach derselben Methode wie Filon (mit Anwendung der Fourierschen Reihen) dasselbe Thema behandelt mit besonderer Berücksichtigung der Span-

---

[1] Filon: On an approx. solution for the bending of a beam of rectangular cross-section etc.

[2] Filon: The investigation of stresses in a rectangular beam by means of polarised light.

nung am Stabende und in Bolzen[1]. Trotz dieser Lösung bleibt die Spannungsverteilung im Gebiet der lokalen Störung noch sehr unklar, weil der Ausdruck für Spannungen sehr kompliziert ist.

Um den Verlauf der Spannungskurven im Gebiet der lokalen Störungen zu ermitteln, habe ich im folgenden die strenge Lösung angewendet so weit es möglich ist. Für die Fälle des Balkens, gestützt an den Enden, in der Mitte belastet, ist die allgemeine Lösung sehr umständlich. Ich habe deshalb nach ihr nur an einigen Punkten die Spannungskurven berechnet und mit deren Benutzung unter gewissen Voraussetzungen die Kurven annäherungsweise ermittelt. Die Kurven stimmen mit dem Resultat des Versuches gut überein.

§ 11. Definition der lokalen Störung.

Die lokale Störung ist die Veränderung der Regularität der Spannungsverteilungsart infolge der Diskontinuität der Umrißlinien des Körpers. In diesem Sinne gibt es keine lokale Störung, z. B. im Falle der Halbscheibe mit einer Last und auch im Falle des keilförmigen Trägers mit einer Last an der Spitze (s. Abb. 20).

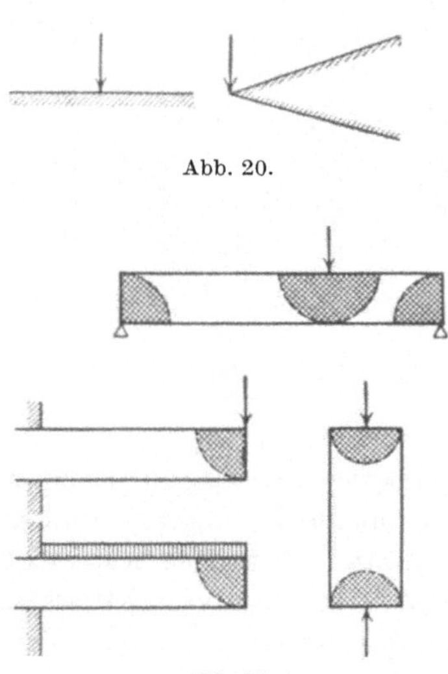

Abb. 20.

In dieser Weise hat der Balken, einfach gestützt an den Enden, mit einer Last, drei Stellen, wo lokale Störungen vorhanden sind. (Unter der Last und über den beiden Auflagern.) Ein Stab mit gegenseitigem konzentriertem Druck oder Zug hat zwei solche Stellen. Kragträger, mit einer Last oder gleichmäßig belastet, haben jeder eine solche Stelle (s. Abb. 21 a).

Abb. 21 a.

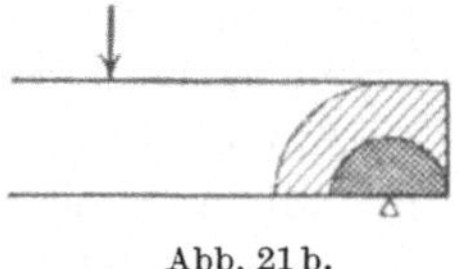

Abb. 21 b.

Im Falle der konzentrierten Last kann man manchmal von vornherein annehmen, daß die Spannungsverteilung nahe der Last wie die im Falle der Halbscheibe oder Viertelscheibe angesehen wird, wenn dort kein starkes Moment oder keine Schubkraft vorhanden ist. Im Auflager des Balkens, wie Abb. 21 b zeigt, ist die lokale Störung sehr ver-

---

[1] Bleich: Der gerade Stab mit Rechteckquerschnitt als ebenes Problem.

wickelt. An dem rechten Ende in der Abbildung bemerkt man eine zweimalige Diskontinuität der Form. Wir können diese lokale Störung des zweiten Grades nennen.

§ 12. Spannungskurven am Stabende.

Wie ich schon vorher erwähnte, hat Bleich die Spannung im Stabende behandelt, jedoch hat er nur mit der Hauptspannung σ_y sich beschäftigt, was, wie ich glaube, zur Spannungsorientierung nicht genügt. Wir wollen hier die isoklinischen Kurven und auch die Hauptschubspannungskurven zur Spannungsermittelung anwenden und mit seinem Resultat vergleichen.

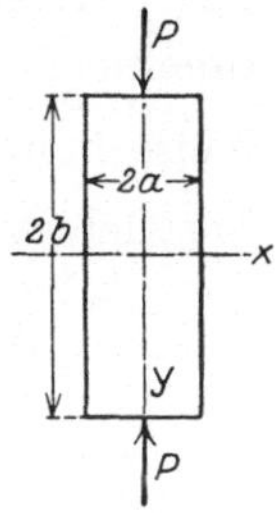

In einem Stab $2a \times 2b$ (wo a gegenüber b klein ist), sind die Spannungskomponenten nach Bleich folgendermaßen ausgedrückt:

Abb. 22.

$$\sigma_x = \sigma_x' - \sigma_{x=a}',$$

$$\sigma_x' = \sum_{n=1}^{\infty}(A_n + B_n)\frac{(\mathfrak{Sin}\,\alpha b - \alpha b\,\mathfrak{Cof}\,\alpha b)\,\mathfrak{Cof}\,\alpha y + \alpha y\,\mathfrak{Sin}\,\alpha b\,\mathfrak{Sin}\,\alpha y}{\mathfrak{Sin}\,2\alpha b + 2\alpha b}\cos\alpha x,$$

$$+ \sum_{n=1}^{\infty}(A_n - B_n)\frac{(\mathfrak{Cof}\,\alpha b - \alpha b\,\mathfrak{Sin}\,\alpha b)\,\mathfrak{Sin}\,\alpha y + \alpha y\,\mathfrak{Cof}\,\alpha b\,\mathfrak{Cof}\,\alpha y}{\mathfrak{Sin}\,2\alpha b - 2\alpha b}\cdot\cos\alpha x,$$

$$\sigma_y = \frac{A_0}{2} + \sum_{n=1}^{\infty}(A_n + B_n)\frac{(\mathfrak{Sin}\,\alpha b + \alpha b\,\mathfrak{Cof}\,\alpha b)\,\mathfrak{Cof}\,\alpha y - \alpha y\,\mathfrak{Sin}\,\alpha b\,\mathfrak{Sin}\,\alpha y}{\mathfrak{Sin}\,2\alpha b + 2\alpha b}\cdot\cos\alpha x, \quad (1)$$

$$+ \sum_{n=1}^{\infty}(A_n - B_n)\frac{(\mathfrak{Cof}\,\alpha b + \alpha b\,\mathfrak{Sin}\,\alpha b)\,\mathfrak{Sin}\,\alpha y - \alpha y\,\mathfrak{Cof}\,\alpha b\,\mathfrak{Cof}\,\alpha y}{\cdot\mathfrak{Sin}\,2\alpha b - 2\alpha b}\cdot\cos\alpha x,$$

$$\tau = \sum_{n=1}^{\infty}(A_n + B_n)\frac{\alpha y\,\mathfrak{Sin}\,\alpha b\,\mathfrak{Cof}\,\alpha y - \alpha b\,\mathfrak{Cof}\,\alpha b\,\mathfrak{Sin}\,\alpha y}{\mathfrak{Sin}\,2\alpha b + 2\alpha b}\cdot\sin\alpha x,$$

$$+ \sum_{n=1}^{\infty}(A_n - B_n)\frac{\alpha y\,\mathfrak{Cof}\,\alpha b\,\mathfrak{Sin}\,\alpha y - \alpha b\,\mathfrak{Sin}\,\alpha b\,\mathfrak{Cof}\,\alpha y}{\mathfrak{Sin}\,2\alpha b - 2\alpha b}\cdot\sin\alpha x,$$

$$\text{wo}\quad \alpha = \frac{n\pi}{a}\quad\text{ist.}$$

Für unseren Fall ist

$$\frac{A_0}{2} = -\frac{P}{2a}, \quad A_n = B_n = -\frac{P}{a}.$$

Daraus folgt

$$\sigma_x = -\frac{2P}{a}\sum_{n=1}^{\infty}\frac{(\mathfrak{Sin}\,\alpha b - \alpha b\,\mathfrak{Cof}\,\alpha b)\,(\mathfrak{Cof}\,\alpha y + \alpha y\,\mathfrak{Sin}\,\alpha b\,\mathfrak{Sin}\,\alpha y}{\mathfrak{Sin}\,2\alpha b + 2\alpha b}(\cos\alpha x - \cos\alpha a),$$

$$\sigma_y = -\frac{P}{2a} - \frac{2P}{a}\sum_{n=1}^{\infty}\frac{(\mathfrak{Sin}\,\alpha b + \alpha b\,\mathfrak{Cof}\,\alpha b)\,\mathfrak{Cof}\,\alpha y - \alpha y\,\mathfrak{Sin}\,\alpha b\,\mathfrak{Sin}\,\alpha y}{\mathfrak{Sin}\,2\alpha b + 2\alpha b}\cdot\cos\alpha x\,,$$

$$\tau = -\frac{2P}{a}\sum_{n=1}^{\infty}\frac{\alpha y\,\mathfrak{Sin}\,\alpha b\,\mathfrak{Cof}\,\alpha y - \alpha b\,\mathfrak{Cof}\,\alpha b\,\mathfrak{Sin}\,\alpha y}{\mathfrak{Sin}\,2\alpha b + 2\alpha b}\cdot\sin\alpha x\,.$$

Weil b gegenüber a groß ist, können wir $\dfrac{e^{\alpha b}}{2}$ statt $\mathfrak{Cof}\,\alpha b$ und $\mathfrak{Sin}\,\alpha b$ annehmen und $2\,\alpha b$ gegenüber $\mathfrak{Sin}\,2\,\alpha b$ vernachlässigen. In derselben Weise können wir statt $\mathfrak{Sin}\,\alpha y$ und $\mathfrak{Cof}\,\alpha y\ \dfrac{e^{\alpha y}}{2}$ schreiben, weil wir nur das Gebiet nahe der oberen Kante beobachten. Man erhält dann

$$\sigma_x = -\frac{P}{a}\sum_{n=1}^{\infty}\frac{1 - \dfrac{n\pi}{a}\,(b-y)}{e^{\frac{n\pi}{a}(b-y)}}\left(\cos n\pi\,\frac{x}{a} - \cos n\pi\right),$$

$$\sigma_y = -\frac{P}{2a} - \frac{P}{a}\sum_{n=2}^{\infty}\frac{1 + n\,\dfrac{\pi}{a}\,(b-y)}{e^{\frac{n\pi}{a}(b-y)}}\cos n\pi\,\frac{x}{a}\,, \tag{2a}$$

$$\tau = +\frac{P}{a}\sum_{n=1}^{\infty}\frac{\dfrac{n\pi}{a}\,(b-y)}{e^{\frac{n\pi}{a}(b-y)}}\sin n\pi\,\frac{x}{a}\,, \tag{2b}$$

$$\sigma_x - \sigma_y = \frac{P}{2a} + \frac{2P}{a}\sum_{n=1}^{\infty}\frac{n\,\dfrac{\pi}{a}\,(b-y)}{e^{\frac{n\pi}{a}(b-y)}}\cos n\pi\,\frac{x}{a}$$
$$+ \frac{P}{a}\sum_{n=1}^{\infty}\frac{\left(1 - n\,\dfrac{\pi}{a}\,(b-y)\right)}{e^{\frac{n\pi}{a}(b-y)}}\cos n\pi\,. \tag{3}$$

Durch die Gl. (2b) und (3) kann man die isoklinischen Kurven und die Hauptspannungskurven erhalten. Man setze z. B. $b - y = a$ in der Gl. (3), so erhält man:

$$\sigma_x - \sigma_y = \frac{P}{2a} + \frac{2P}{a}\sum_{n=1}^{\infty}\frac{n\pi}{e^{n\pi}}\cos n\,\pi\,\frac{x}{a} + \frac{P}{a}\sum_{n=1}^{\infty}\frac{(1 - n\pi)}{e^{n\pi}}\cos n\pi$$

$$= \frac{P}{2a} + \frac{2P}{a}\left(\frac{\pi}{e^{\pi}}\cos\frac{\pi x}{\alpha} + \frac{2\pi}{e^{2\pi}}\cos 2\,\pi\,\frac{x}{a} + \frac{3\pi}{e^{3\pi}}\cos 3\,\pi\,\frac{x}{a} + \cdots\right)$$

$$+ \frac{P}{a}\left(\frac{\pi-1}{e^{\pi}} - \frac{2\pi-1}{e^{2\pi}} + \frac{3\pi-1}{e^{3\pi}} - \cdots\right).$$

(Weil $e^{\pi} = 23{,}14$, $e^{2\pi} = 535{,}49$ und $e^{3\pi} = 12\,391{,}64$ ist, genügt es praktisch schon, nur bis zum dritten Gliede zu rechnen.) In derselben Weise ist

$$\tau = \frac{P}{a}\left(\frac{\pi}{e^{\pi}}\sin\frac{x\,\pi}{a} + \frac{2\,\pi}{e^{2\pi}}\sin 2\,\pi\,\frac{x}{a} + \frac{3\,\pi}{e^{3\pi}}\sin 3\,\pi\,\frac{x}{a} + \cdots\right).$$

Weil für $x = 0$ τ Null ist, beträgt die Hauptschubspannung für diesen Querschnitt:

$$\begin{aligned}
2\,\tau_{12} &= \sigma_x - \sigma_y \\
&= \frac{P}{2\,a} + \frac{2\,P}{a}\left(\frac{\pi}{e^{\pi}} + \frac{2\,\pi}{e^{2\pi}} + \frac{3\,\pi}{e^{3\pi}} + \cdots\right) \\
&\quad + \frac{P}{a}\left(\frac{\pi-1}{e^{\pi}} - \frac{2\,\pi-1}{e^{2\pi}} + \frac{3\,\pi-1}{e^{3\pi}} - \cdots\right) \\
&= \frac{P}{2\,a}\Bigg\{1 + 6\left(\frac{\pi}{e^{\pi}} + \frac{3\,\pi}{e^{3\pi}} + \cdots\right) \\
&\quad + 2\left(\frac{2\,\pi}{e^{2\pi}} + \frac{4\,\pi}{e^{4\pi}} + \cdots\right) \\
&\quad + 2\left(-\frac{1}{e^{\pi}} + \frac{2}{e^{2\pi}} - \cdots\right)\Bigg\} \\
&= \frac{P}{2\,a}\{1 + 6\,(0{,}136 + 0{,}000\,84) \\
&\quad + 2\,(0{,}0136 - 0{,}0432)\} \\
&= \frac{P}{2\,a}\cdot 1{,}76\,.
\end{aligned}$$

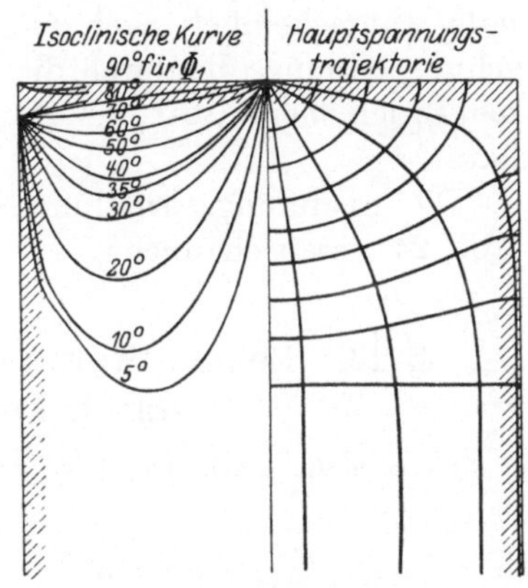

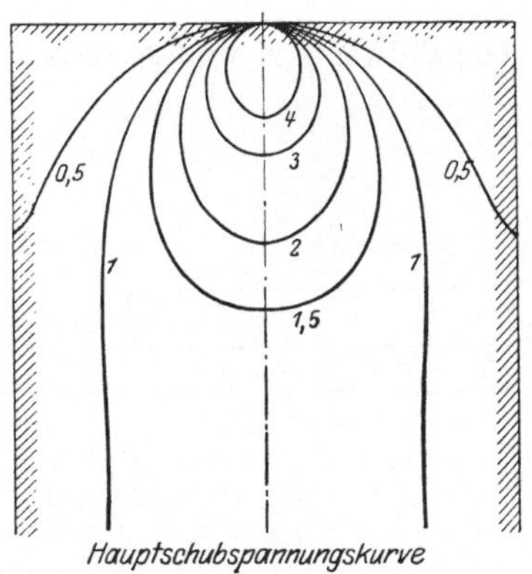

Hauptschubspannungskurve

Abb. 24.

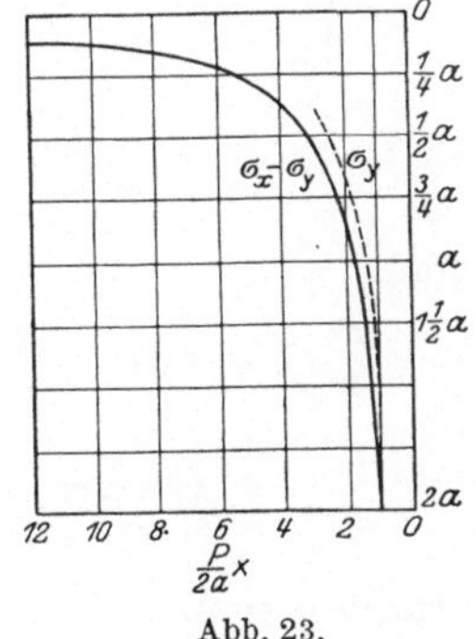

Abb. 23.

In derselben Weise berechnet man

$$\sigma_x - \sigma_y = 10{,}386 \ \text{ für } \ b - y = \tfrac{1}{8}a$$
$$\sigma_x - \sigma_y = \ \ 5{,}56 \ \ \ \ ,, \ \ \ b - y = \tfrac{1}{4}a$$
$$\sigma_x - \sigma_y = \ \ 3{,}984 \ \ \ ,, \ \ \ b - y = \tfrac{3}{8}a$$
$$\sigma_x - \sigma_y = \ \ 3{,}186 \ \ \ ,, \ \ \ b - y = \tfrac{1}{2}a$$

$$\sigma_x - \sigma_y = \; 2{,}263 \; \text{für} \; b - y = \tfrac{3}{4}a$$

$$\sigma_x - \sigma_y = \; 1{,}238 \;\; ,, \;\; b - y = \tfrac{3}{2}a$$

$$\sigma_x - \sigma_y = \; 1{,}067 \;\; ,, \;\; b - y = 2a.$$

In Abb. 23 sieht man die Spannungsverteilung ($\sigma_x - \sigma_y$) im Querschnitt durch die Achse, wobei die von σ_y mit punktierter Linie gezeichnet ist. Für Stahl und Schmiedeeisen ist die Schubfestigkeit ein wenig größer als die Hälfte der Zug- oder Druckfestigkeit. Es ist deshalb wahrscheinlich auch möglich, daß in unserem Falle die Hauptschubspannung (die durch die Hauptspannungsdifferenz gegeben wird), den Bruch angibt, statt der Hauptspannung σ_y, wie Bleich angenommen hat.

Die Spannungsverteilung am Ende eines Stabes wird uns durch Abb. 24 veranschaulicht.

§ 13. Lokale Störung in der Mitte der Spannweite durch konzentrierte Kraft.

In diesem Falle ($b < a$) gelten die Gl. (1) auch, in denen diesmal

$$\sigma_x = \sigma_x' - \frac{3}{2}\frac{y}{b^3} \sum_1^\infty (A_n - B_n) \frac{\cos n\pi}{\alpha^2}.$$

Die Beiwerte A und B in den allgemeinen Gl. (1) sind in diesem Falle:

$$\frac{A_0}{2} = -\frac{P}{2a}, \quad \frac{B_0}{2a} = -\frac{P}{2a},$$

$$A_n = -\frac{P}{a}, \quad B_n = -\frac{P}{a}\cos n\pi \frac{c}{a}.$$

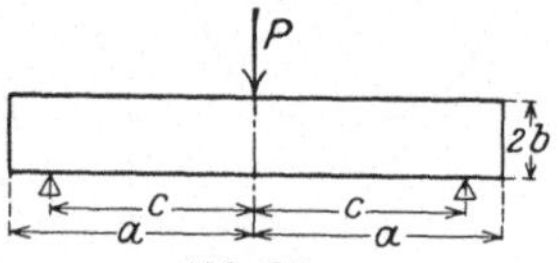

Danach erhält man

$$A_n + B_n = -\frac{P}{a}\left(1 - \cos n\pi \frac{c}{a}\right),$$

$$A_n - B_n = -\frac{P}{a}\left(1 - \cos n\pi \frac{c}{a}\right).$$

Abb. 25.

Wir wollen hier $a = 1$ annehmen. Wir erhalten dann

$$A_n + B_n = 0 \; \text{für die ungeraden Zahlen von } n,$$

$$A_n + B_n = -\frac{2P}{a} \; \text{für die geraden Zahlen von } n,$$

$$A_n - B_n = -\frac{2P}{a} \; \text{für die ungeraden Zahlen von } n, \; \text{und}$$

$$A_n - B_n = 0 \; \text{für die geraden Zahlen von } n.$$

Daraus folgt

$$\sigma_x = -\frac{3}{8}\frac{Pya}{b^3} - \frac{2P}{a}\sum_{n=2\cdot4\cdot6\ldots}^{\infty}\frac{(\operatorname{Sin}\alpha b - \alpha b\operatorname{Cos}\alpha b)\operatorname{Cos}\alpha y + \alpha y\operatorname{Sin}\alpha b\operatorname{Sin}\alpha y}{\operatorname{Sin}2\alpha b + 2\alpha b}\cdot\cos\alpha x,$$

$$-\frac{2P}{a}\sum_{n=1\cdot3\cdot5\ldots}^{\infty}\frac{(\operatorname{Cos}\alpha b - \alpha b\operatorname{Sin}\alpha b)\operatorname{Sin}\alpha y + \alpha y\operatorname{Cos}\alpha b\operatorname{Cos}\alpha y}{\operatorname{Sin}2\alpha b - 2\alpha b}\cdot\cos\alpha x,$$

$$\sigma_y = -\frac{P}{2a} - \frac{2P}{a}\sum_{n=2\cdot4\cdot6\ldots}^{\infty}\frac{(\operatorname{Sin}\alpha b + \alpha b\operatorname{Cos}\alpha b)\operatorname{Cos}\alpha y - \alpha y\operatorname{Sin}\alpha b\operatorname{Sin}\alpha y}{\operatorname{Sin}2\alpha b + 2\alpha b}\cdot\cos\alpha x,$$

$$-\frac{2P}{a}\sum_{n=1\cdot3\cdot5\ldots}^{\infty}\frac{(\operatorname{Cos}\alpha b + \alpha b\operatorname{Sin}\alpha b)\operatorname{Sin}\alpha y - \alpha y\operatorname{Cos}\alpha b\operatorname{Cos}\alpha y}{\operatorname{Sin}2\alpha b - 2\alpha b}\cdot\cos\alpha x,$$

$$\tau = -\frac{P}{2a}\sum_{n=2\cdot4\cdot6\ldots}^{\infty}\frac{\alpha y\operatorname{Sin}\alpha b\operatorname{Cos}\alpha y - \alpha b\operatorname{Cos}\alpha b\operatorname{Sin}\alpha y}{\operatorname{Sin}2\alpha b + 2\alpha b}\cdot\sin\alpha x,$$

$$-\frac{P}{2a}\sum_{n=1\cdot3\cdot5\ldots}^{\infty}\frac{\alpha y\operatorname{Cos}\alpha b\operatorname{Sin}\alpha y - \alpha b\operatorname{Sin}\alpha b\operatorname{Cos}\alpha y}{\operatorname{Sin}2\alpha b - 2\alpha b}\cdot\sin\alpha x.$$

wo $\alpha = \dfrac{n\pi}{a}$ ist.

Filon hat in seinem Werke nur die durch lokale Störung hervorgerufene Spannung berechnet, indem er ein Moment $\frac{1}{2}Pa$ (im Falle $a = c$) an den beiden Enden des Balkens hinzufügte, um das Moment im Mittelschnitt auszulöschen und so die Spannungen (P, Q und S) nur durch die lokale Störung verursacht sein zu lassen[1]. Nach seinem

---

[1] Sein Resultat ist folgendes:

$$P = (\sigma_x) = -\frac{2W}{\pi}\frac{x^2y'}{r'^4} - \frac{4W}{\pi b}\sum_0^{\infty}\left(\frac{r'}{b}\right)^{2n}H_{2n}\frac{\cos 2n\Phi'}{(2n)!}$$

$$-\frac{4W}{\pi b}\sum_0^{\infty}(-1)^n\left(\frac{r'}{b}\right)^n\frac{\cos n\Phi'}{n!}H_n$$

$$+\frac{4W}{\pi b^2}y'\sum_0^{\infty}(-1)^n\left(\frac{r'}{b}\right)^n H_{n+1}\frac{\cos n\Phi'}{n!},$$

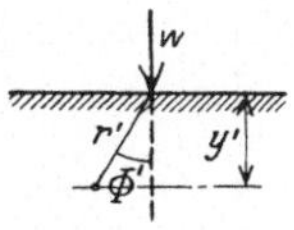

Abb. 25a.

$$Q = (\sigma_y) = -\frac{2Wy'^3}{nr'^4} + \frac{4W}{\pi b}\sum_0^{\infty}\left(\frac{r'}{b}\right)^{2n+1}H_{2n+1}\frac{\cos(2n+1)\Phi'}{(2n+1)!}$$

$$-\frac{4W}{\pi b^2}y'\sum_0^{\infty}(-1)^n\left(\frac{r'}{b}\right)^n H_{n+1}\frac{\cos n\Phi'}{n!},$$

$$S = (\tau) = \frac{2W}{\pi}\frac{xy'^2}{r'^4} + \frac{4W}{\pi b}\sum_1^{\infty}\left(\frac{r'}{b}\right)^{2n}H_{2n}\frac{\sin 2n\Phi'}{(2n)!}$$

$$-\frac{4W}{\pi b^2}y'\sum_1^{\infty}(-1)^n\left(\frac{r'}{b}\right)^n H_{n+1}\frac{\sin n\Phi'}{n!},$$

Ergebnis sind die Spannungen für den Punkt $(0, 0)$[1]

$$\sigma_x^0 = \frac{P}{2\,b}\,0{,}249\,; \qquad \sigma_y^0 = -\,\frac{P}{2\,b}\,0{,}920\,,$$

und für den Punkt $(0,\, -\,b)$

$$\sigma_x^{-b} = -\,\frac{P}{2\,b}\,0{,}250\,;$$

$\sigma_x^{-b'}$ bedeutet die Spannung infolge lokaler Störung.

Stokes hat folgende Annäherungsgleichungen für die Spannungen im Mittelschnitt vorgeschlagen:

$$\left.\begin{aligned}
\sigma_y &= -\,\frac{2\,P}{\pi}\left(\frac{1}{y'} - \frac{y'}{4\,b^2}\right),\\[2mm]
\sigma_x &= \frac{P}{2\,b}\left(\frac{4}{\pi} - \frac{3\,y'}{\pi\,b} + \frac{3\,(y'-b)\,a}{3\,b^2}\right),
\end{aligned}\right\} \tag{A}$$

wo y' der Vertikalabstand des betreffenden Punktes von der Oberfläche des Balkens ist.

Daraus folgt:

$$\sigma_y^0 = -\,\frac{P}{2\,b}\,0{,}955\,,$$

$$\sigma_x^0 = -\,\frac{P}{2\,b}\,0{,}318\,,$$

$$\sigma_x^{-b'} = -\,\frac{P}{2\,b}\,0{,}657$$

(die Spannung nur durch die lokale Störung und berechnet durch die beiden ersten Glieder der Gl. (A)).

Nach Filon und Stokes kann man die lokalen Spannungen als aus zwei Teilen bestehend betrachten, erstens aus $\dfrac{2\,P}{\pi\,r'}$, wo r' der Abstand des betreffenden Punktes von dem belasteten Punkt ist, und aus

wo

$$\left|\begin{aligned}
H_0 &= \int_0^\infty \left(\frac{(\alpha\,b)^2}{\operatorname{Sin}^2 2\,\alpha\,b - 4\,\alpha^2\,b^2} - \frac{3}{16\,\alpha^2\,b^2}\right) dn\,,\\[3mm]
H_1 &= \int_0^\infty \left\{\frac{(\alpha\,b)^3 + \frac{1}{2}(\alpha\,b)^2 + \frac{1}{8}\,\alpha\,b - \frac{1}{8}\,\alpha\,b\,e^{-4\,\alpha\,b}}{\operatorname{Sin}^2 2\,\alpha\,b - 4\,\alpha^2\,b^2} - \frac{3}{16\,(\alpha\,b)^2}\right\} dn\,,\\[3mm]
H_{2n} &= \int_0^\infty \frac{(\alpha\,b)^{(2n+2)}}{\operatorname{Sin}^2 2\,\alpha\,b - 4\,\alpha^2\,b^2}\,dn\,,\\[3mm]
H_{2n+1} &= \int_0^\infty \left\{\frac{(\alpha\,b)^{(2n+3)} + \frac{1}{2}(\alpha\,b)^{2n+2} + \frac{1}{8}(\alpha\,b)^{2n+1} - \frac{1}{8}(\alpha\,b)^{2n+1}\,e^{-4\,\alpha\,b}}{\operatorname{Sin}^2 2\,\alpha\,b - 4\,\alpha^2\,b^2}\right\} dn
\end{aligned}\right.$$

ist.

[1] Vgl. Phil. Trans. Roy. Soc., Vol. 201, Series A.

einem zweiten Teile, den ich in folgendem bequemlichkeitshalber als Zusatzspannung bezeichnen möchte.

Die lokalen Spannungen sind also von der Spannweite (d. h. von dem Biegungsmoment) unabhängig. Ich glaube aber, daß sie sich je nach dem Verhältnis der Höhe zur Spannweite des Balkens ändern.

Die lokale Störung ist deshalb von dem Moment abhängig, und die Zusatzspannung ist keine konstante, sondern eine veränderliche. Wir wollen hier drei wichtige Punkte betrachten $(0, 0)$, $(0, + b)$ und $(0, - b)$. Für diese drei Punkte erhalten wir allgemein folgende Gleichungen (vgl. Gl. (1)):

$$\left. \begin{aligned} \sigma_x^0 &= \sum_1^\infty (A_n + B_n) \frac{\mathfrak{Sin}\,\alpha\,b - \alpha\,b\,\mathfrak{Coj}\,\alpha\,b}{\mathfrak{Sin}\,2\,\alpha\,b + 2\,\alpha\,b} \\ \sigma_y^0 &= \frac{A_0}{2} + \sum_1^\infty (A_n + B_n) \frac{\mathfrak{Sin}\,\alpha\,b + \alpha\,b\,\mathfrak{Coj}\,\alpha\,b}{\mathfrak{Sin}\,2\,\alpha\,b + 2\,\alpha\,b} \end{aligned} \right\} \tag{4}$$

$$\left. \begin{aligned} \sigma_x^{+b} &= -\frac{3}{2\,b^2} \sum_1^\infty (A_n - B_n) \frac{\cos n\,\pi}{\alpha^2} \\ &\quad + \sum_1^\infty \frac{A_n\,(\mathfrak{Sin}^2\,2\,\alpha\,b - 4\,\alpha^2\,b^2) - 4\,B_n\,\alpha\,b\,\mathfrak{Sin}\,2\,\alpha\,b}{\mathfrak{Sin}^2\,2\,\alpha\,b - 4\,\alpha^2\,b^2} \\ \sigma_x^{-b} &= +\frac{3}{2\,b^2} \sum_1^\infty (A_n - B_n) \frac{\cos n\,\pi}{\alpha^2} \\ &\quad + \sum_1^\infty \frac{-4\,A_n\,\alpha\,b\,\mathfrak{Sin}\,2\,\alpha\,b + B_n\,(\mathfrak{Sin}^2\,2\,\alpha\,b + 4\,\alpha^2\,b^2)}{\mathfrak{Sin}^2\,2\,\alpha\,b - 4\,\alpha^2\,b^2} \\ \sigma_y^{+b} &= -\infty, \quad \sigma^{-b} = 0, \quad \tau = 0 \end{aligned} \right\} \tag{5}$$

Ich habe danach die folgenden Werte für die verschiedene Spannweite berechnet:

$\dfrac{a}{b}$	2	3	4	6	8	Berechnung nach	
						Filon	Stokes
$\sigma_x^0 = \dfrac{P}{2b} \cdot$	0,202	0,246	0,2484	0,2491	0,2495	0,249	0,318
$\sigma_y^0 = \dfrac{P}{2b} \cdot$	$-0,878$	$-0,915$	$-0,9193$	$-0,9196$	$-0,9205$	$-0,920$	$-0,955$

Der Punkt $(0,0)$ ist gerade die Stelle, wo der Einfluß des Biegungsmomentes am geringsten ist. Trotzdem bemerkt man, daß die Zahl nicht ganz konstant bleibt, die sich, je nachdem das Verhältnis von $\dfrac{a}{b}$ größer wird, derjenigen Filons nähert[1].

---

[1] Im allgemeinen ist die lokale Störung von dem Verhältnis $\dfrac{a}{b}$ und dazu von dem Verhältnis $\dfrac{c}{a}$ (d. h. dem Verhältnis der Spannweite zur Balkenlänge) abhängig, wie später bewiesen werden soll.

Für den Punkt $(0, -b)$ ist die Veränderung stärker:

$\dfrac{a}{b}$	2	3	4	6	8	Berechnung nach	
						Filon	Stokes
$\sigma_x^{-b} = \dfrac{P}{2b} \cdot$	2,296	3,923	5,488	8,57	11,62		
$\sigma_x^{-b'} = \dfrac{P}{2b} \cdot$	−0,704	−0,578	− 0,512	−0,434	−0,38	− 0,25	− 0,637

$\sigma_x^{-b'}$ ist die Spannung nur durch die lokale Störung[1]. Die Abb. 26 ist nach dieser Berechnung gezeichnet. Hier sieht man ganz deutlich die Veränderung der lokalen Störung nach dem Verhältnis $\frac{a}{b}$. Die von Filon empfohlene Zahl (0,25) ist viel zu klein für gewöhnliche Balken. Übrigens stimmt die Stokessche Gleichung mit dem Resultat Wilsons sehr gut überein[2]. Das kommt vielleicht daher, daß die Balken, die Wilson gebraucht hat, im Verhältnis $\frac{a}{b}$ von

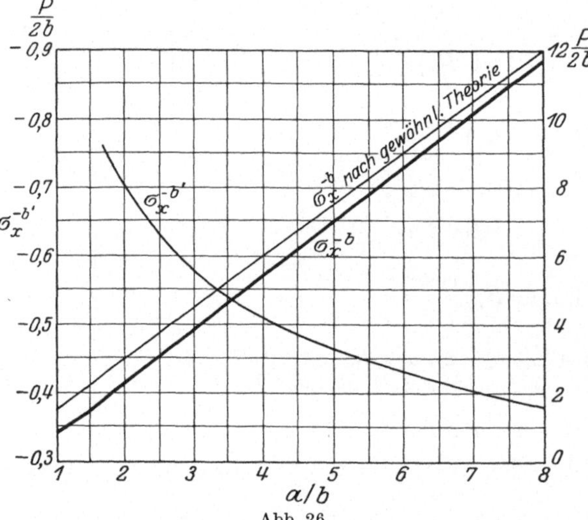

Abb. 26.

3 bis 6 sind, und wie man in obenstehender Tabelle sieht, die Zahl 0,637 in solchem Falle der richtigen Zahl näher kommt als die Zahl 0,25.

§ 14. Einflußlinien der Spannungen.

Im vorhergehenden Paragraphen haben wir angenommen, daß die Auflagerungspunkte sich an den Enden des Balkens befinden. Diese Annahme ist nur für den Balken mit einem höheren Verhältnis $\frac{a}{b}$ annäherungsweise anwendbar. Wir wollen in diesem Paragraphen den Fall betrachten, in dem das Verhältnis $\frac{a}{b}$ konstant bleibt, während

---

[1] Diese Werte erhält man dadurch, daß man die Spannungen σ_x^{-b} von denjenigen nach gewöhnlicher Balkentheorie abzieht.

[2] Wilson: The influence of surface-loading on the flexured beams. 1891. Phil. Mag. S. 5. Vol. 32. No. 199.

die Spannweite sich ändert. Ich nehme das konstante Verhältnis $\frac{a}{b} = 6$ an. In meinem Versuch habe ich ebenfalls Präparate von diesem Verhältnis benutzt.

Wir können die Gl. (4) und (5) auch in folgender Weise schreiben:

$$\left.\begin{aligned}
\sigma_x^0 &= - \sum (A_n + B_n)\, C_1, \\
\sigma_y^0 &= \frac{A_0}{2} + \sum (A_n + B_n)\, C_2.
\end{aligned}\right\} \tag{4'}$$

$$\left.\begin{aligned}
\sigma_x^{+b} = &- \frac{3}{2\,b^2} \sum (A_n - B_n)\frac{\cos n\,\pi}{\alpha^2} \\
&+ \frac{1}{2} \sum (A_n + B_n)\, C_3 \\
&+ \frac{1}{2} \sum (A_n - B_n)\, C_4, \\[1em]
\sigma_x^{-b} = & \frac{3}{2\,b^2} \sum (A_n - B_n)\frac{\cos n\,\pi}{\alpha^2} \\
&+ \frac{1}{2} \sum (A_n + B_n)\, C_3 \\
&- \frac{1}{2} \sum (A_n - B_n)\, C_4,
\end{aligned}\right\} \tag{5'}$$

wo $\quad C_1 = \dfrac{- \mathfrak{Sin}\,\alpha\,b + \alpha\,b\,\mathfrak{Cof}\,\alpha\,b}{\mathfrak{Sin}\,2\,\alpha\,b + 2\,\alpha\,b}, \qquad C_2 = \dfrac{\mathfrak{Sin}\,\alpha\,b + \alpha\,b\,\mathfrak{Cof}\,\alpha\,b}{\mathfrak{Sin}\,2\,\alpha\,b + 2\,\alpha\,b},$

$C_3 = \dfrac{\mathfrak{Sin}\,2\,\alpha\,b - 2\,\alpha\,b}{\mathfrak{Sin}\,2\,\alpha\,b + 2\,\alpha\,b}, \qquad C_4 = \dfrac{\mathfrak{Sin}\,2\,\alpha\,b + 2\,\alpha\,b}{\mathfrak{Sin}\,2\,\alpha\,b - 2\,\alpha\,b}, \qquad$ ist [1].

---

[1] Die vier Konstanten findet man in folgender Tabelle:

$n =$	C_1	C_2	C_3	C_4
1	0,0222	0,498	0,088	11,35
2	0,0708	0,479	0,313	3,200
3	0,1116	0,425	0,573	1,745
4	0,1250	0,341	0,787	1,290
5	0,1138	0,251	0,894	1,116
6	0,0910	0,175	0,954	1,048
7	0,0673	0,118	0,980	1,020
8	0,0482	0,0785	0,994	1,005
9	0,0333	0,0512	0,998	1,002
10	0,0230	0,0331		
11	0,0150	0,0213		
12	0,00985	0,0136		
13	0,00640	0,0086		
14	0,00413	0,00545		
15	0,00267	0,00344		
16	0,00176	0,00224		
17	0,00108	0,00135		
18	0,000685	0,000845		

Die berechneten Spannungsgrößen (ich habe zu dieser Berechnung die Tabelle auf der vorhergehenden Seite Fußnote 1 benutzt) für die verschiedene Spannweite sind in folgender Tabelle angegeben.

Tabelle 1.

$\dfrac{c}{a}$	0	$^1/_{12}$	$^1/_6$	$^3/_{13}$	$^2/_6$	$^3/_6$	$^4/_6$	$^5/_6$	$^6/_6$
$\sigma_x^0 = \dfrac{P}{2\,b}\cdot$	0,499	0,293	0,17	0,193	0,226	0,247	0,249	0,249	0,249
$\sigma_y^0 = -\dfrac{P}{2\,b}\cdot$	1,038	1,460	1,01	0,903	0,899	0,916	0,919	0,919	0,919
$\sigma_x^{-b} = \dfrac{P}{2\,b^2}\cdot$	$-\infty\,^*$	0,927	1,35		2,60	4,08	5,57	7,07	0,57
$\sigma_x^{-b\prime} = -\dfrac{P}{2\,b}\cdot$	$\infty\,^{**}$	$-0,177$	0,15		0,40	0,42	0,43	0,43	0,43

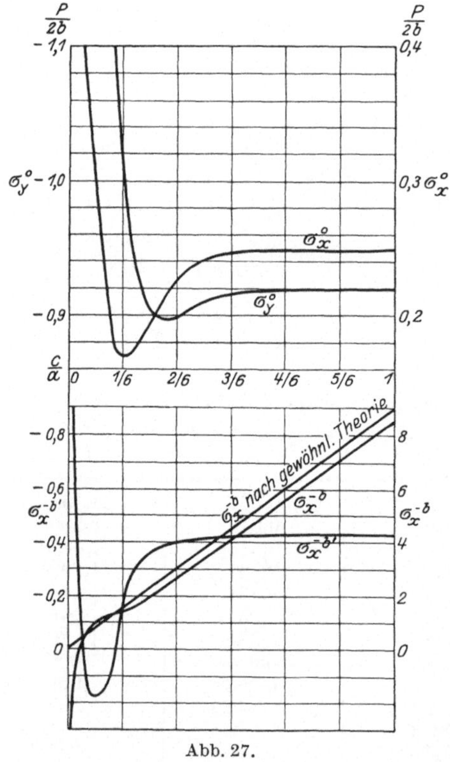

Abb. 27.

Vergleicht man diese Werte mit denen, die in den Tabellen auf S. 31 u. 32 sich finden, so bemerkt man, daß die lokale Störung mehr von dem Verhältnis $\dfrac{c}{b}$ als von dem Verhältnis $\dfrac{a}{b}$ abhängt. Abb. 27 ist nach den oben berechneten Werten gezeichnet. Da die Ordinaten jeder Linie die Spannungen in einem bestimmten Punkt zeigen, während die Spannweite sich ändert, sind die Linien die Einflußlinien der Spannungen der betreffenden Punkte. In dieser Abbildung sind auch die Einflußlinien der Spannungen nach der üblichen Rechnungsweise eingetragen. Man sieht hier, wie die Span-

* Hier muß eine zweimalige Verdunkelung des Gesichtsfeldes vorgenommen werden. Näheres s. § 15.

** Diese unendliche Größe ist natürlich nur theoretisch richtig. In Wirklichkeit wird die Belastung nach einigem Nachlassen des Materials in etwas parablischer Verteilung über eine kleine Fläche verbreitet.

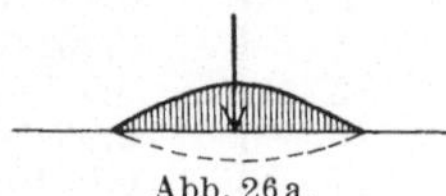

Abb. 26a.

nungen sich stark ändern, wenn die Spannweite bis zu einem Sechstel der Balkenlänge gekürzt wird.

§ 15. Annäherungsgleichung für Spannungen in der Spannmitte.

Der Punkt, der im optischen Versuch mit Glasbalken keinen Strahl durchläßt, trotz der Umdrehung der beiden Nikols, hat überhaupt keine Spannung oder ist mit gleichen einander senkrecht gerichteten Spannungen vorhanden. Er ist deshalb ein Nullschubspannungspunkt[1].

Wir wollen das Verhältnis $\frac{a}{b} = 6$ und die oben berechneten Werte

$$\sigma_x^0 = 0{,}248\,\frac{P}{2\,b}, \quad \sigma_y^0 = -\,0{,}918\,\frac{P}{2\,b} \quad \text{und} \quad \sigma_x^{-b'} = -\,0{,}43\,\frac{P}{2\,b}$$

annehmen. Die sog. Zusatzspannungen im Sinne von Filon und Stokes (vgl. S. 30) sind danach:

$$\sigma_y^{0\,'} = \frac{2\,P}{\pi\,b} - 0{,}918\,\frac{P}{2\,b} = +\,\frac{P}{2\,b}\,0{,}355\,,$$

$$\sigma_y^{-b'} = \frac{2\,P}{\pi\,2\,b} = +\,\frac{P}{2\,b}\,0{,}637\,.$$

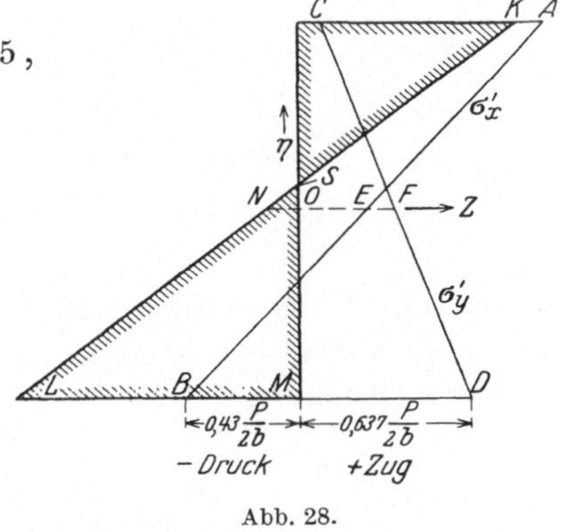

Abb. 28.

Diese Zahl ist aber nur gültig für ein höheres Verhältnis $\frac{c}{b}$. |Unter Voraussetzung der geradlinigen Veränderung der Zusatzspannungen wird in der Abb. 28 die Spannung σ_x' mit der Geraden $A\,B$ und σ_y' mit $C\,D$ ausgedrückt. Da wir uns nur mit den Spannungen $\sigma_x - \sigma_y$ zu beschäftigen brauchen, wollen wir auch nur die Zusatzspannung $\sigma_x' - \sigma_y'$ betrachten, die mit der Geraden $K\,L$ bezeichnet werden kann, wobei

$$M\,L = -\,(0{,}637 + 0{,}43)\,\frac{P}{2\,b} = -\,1{,}067\,\frac{P}{2\,b}$$

und

$$N\,O = -\,(0{,}355 - 0{,}248)\,\frac{P}{2\,b} = -\,0{,}107\,\frac{P}{2\,b} \quad \text{ist.}$$

Die Gleichung dieser Geraden ist (vgl. Abb. 28):

$$-\,\frac{Z}{O\,N} + \frac{\eta}{O\,S} = 1\,,$$

---

[1] Wie ich später ausführen werde, gibt es noch andere Nullschubspannungspunkte, nämlich unter der Mittelachse. Wilson hat sie nicht behandelt.

wo
$$O\,N = 0{,}107\,\frac{P}{2\,b},$$

$$O\,S = \frac{0{,}107}{0{,}96} \cdot \frac{P}{2\,b} \quad \text{ist.}$$

$$Z = -\left(1 - \frac{0{,}96\,\eta}{0{,}107}\right) 0{,}107\,\frac{P}{2\,b}$$

$$= (-\,0{,}107 + 0{,}96\,\eta)\,\frac{P}{2\,b}.$$

Daraus folgt

$$(\sigma_x' - \sigma_y') = \frac{P}{2\,b}\,(-\,0{,}107 + 0{,}96\,\eta). \tag{6}$$

Wir erhalten dann die Annäherungsgleichung für die Hauptspannungsdifferenz in der Spannmitte durch Superposition dieser Spannung mit
der Spannung nach gewöhnlicher Balkentheorie und der Spannung
σ_v'' in der Halbscheibe, belastet in einem Punkt.

Daraus folgt:

$$\sigma_x - \sigma_y = -\,\frac{P\,c}{2} \cdot \frac{3\,y}{2\,b^3} - \frac{2\,P}{\pi\,y'} + \frac{P}{2\,b}\,(-\,0{,}107 + 0{,}96\,\eta)$$

$$= \frac{P}{2\,b}\left(-\,\frac{c\,1{,}5\,\eta}{b} - \frac{1{,}273}{\eta'} - 0{,}107 + 0{,}96\,\eta\right), \tag{7}$$

wo $\dfrac{y'}{b} = \eta'$ und y' der Abstand des betreffenden Punktes vom oberen
Rande ist.

Für den Nullschubspannungspunkt muß dieser Ausdruck Null sein.
Wenn $\eta' = -\,\eta + 1$ gesetzt wird, so erhält man für diesen Punkt
folgende Gleichung:

$$\left[\left(0{,}96 - 1{,}5\,\frac{c}{b}\right)(-\,\eta' + 1)\,\eta' - 0{,}107\,\eta' - 1{,}273\right] = 0$$

Oder

$$\left(-\,0{,}96 - 1{,}5\,\frac{c}{b}\right)\eta'^2 + \left(0{,}853 - 1{,}5\,\frac{c}{b}\right)\eta' - 1{,}273 = 0,$$

$$\left(\frac{c}{b} - 0{,}64\right)\eta'^2 + \left(\frac{c}{b} - 0{,}565\right)\eta' + 0{,}849 = 0.$$

$$\eta' = \frac{-\,B \pm \sqrt{B^2 - 3{,}4\,A}}{2\,A}, \tag{8}$$

wo
$$
\left.
\begin{aligned}
A &= -\,\frac{c}{b} + 0{,}64,\\[2mm]
B &= \frac{c}{b} - 0{,}565
\end{aligned}
\right\} \quad \text{ist.}
$$

Es gibt also gewöhnlich zwei Punkte der Nullschubspannungen. Diese
beiden Punkte kommen einander desto näher, je nachdem die Spannweite oder das Verhältnis $\dfrac{c}{b}$ kleiner wird, bis sie schließlich in einem

Punkte zusammentreffen. Letzteres ist der Fall, wenn $B^2 = -3,4\,A$ ist[1].
Daraus folgt

$$\frac{c}{b} = 3,888 \quad \text{und} \quad \eta' = 0,5115 .$$

Für $\dfrac{c}{b} = 4$ ist $\qquad \eta' = 0,6024$ und $0,42 .$

Für $\dfrac{c}{b} = 5$ ist $\qquad \eta' = 0,7609$ und $0,2563 .$ $\qquad\qquad$ (8a)

Man vergleiche Abb. 89a und 89b! Für das Gebiet nahe der Last ist
diese Abbildung nicht genau genug, weil ich dabei mich hauptsächlich
nur bemüht habe, den allgemeinen Kurvenverlauf aufzuzeichnen. Die
dunkeln Punkte kann man ohne Schwierigkeit feststellen, wie es Wilson
schon versuchte. Sein Ergebnis ist folgendes:

Präparat Spannweite	$128 \times 5,5 \times 19$ cm Abstand der dunkeln Punkte von der Oberfläche	
88 cm	6,4 cm	3,3 cm
100 cm	7,2 cm	2,5 cm
120 cm	7,8 cm	1,8 cm

Das Verhältnis $\dfrac{a}{b}$ ist somit $\dfrac{128}{19} = 6,43$ und für das von $\dfrac{c}{b}$ erhält man

$$
\begin{array}{lll}
\text{für Spannweite} & 88 \text{ cm} & 4,63 \\
\text{,,} \qquad \text{,,} & 100 \text{ cm} & 5,27 \\
\text{,,} \qquad \text{,,} & 120 \text{ cm} & 6,32
\end{array}
$$

Wenn man $2\,b = 19$ cm annimmt, so erhält man infolge (8a)

$$\eta' \text{ (in cm)}$$

$$
\begin{array}{lll}
\text{für Spannweite} & 76 \text{ cm} & \left\{ \begin{array}{l} 5,723 \\ 3,99 \end{array} \right. \\
\text{und} \quad \text{,,} \qquad \text{,,} & 95 \text{ cm} & \left\{ \begin{array}{l} 7,23 \\ 2,435 \end{array} \right.
\end{array}
$$

Dies Resultat stimmt mit dem Stokesschen gut überein, wenn man
die Verschiedenheit des Verhältnisses $\dfrac{a}{b}$ in beiden Fällen berück-
sichtigt. Die Stokesschen Annäherungsgleichungen sind

$$\sigma_y = -\frac{2P}{\pi}\left(\frac{1}{y'} - \frac{y'}{4\,b^2}\right),$$

$$\sigma_x = \frac{P}{2\,b}\left(\frac{4}{\pi} - \frac{3\,y'}{\pi\,b} + \frac{3\,(y'-b)\,a}{2\,b^2}\right).$$

---

[1] Die zwei Wurzeln dieser Gleichung sind 3,888 und 0,6415. Der letztere
Wert (0,6415) stellt eigentlich auch die Lage eines Nullschubspannungspunktes
dar. Diese Zahl ist aber nicht zuverlässig, weil für das kleine Verhältnis von
$\dfrac{c}{b}$ die Gl. (7) nicht mehr ganz gilt.

Diese Rechnungsart ist im Grunde dieselbe wie die sog. Wilsonsche „Intersection Method“. Die Nullschubspannungspunkte werden ermittelt durch die Schnittpunkte der Hyperbel mit einer Geraden durch den Anfangspunkt. Aber die beiden Methoden ergeben fast dasselbe Resultat, wenn die Spannweite größer wird, weil dann der Korrektionszusatz $\sigma_x' - \sigma_y'$ gegenüber der Spannung σ_x nach der üblichen Balkentheorie sehr klein wird[1].

Wenn man nun die Spannweite kleiner macht, so wird zuletzt die Zugspannung σ_x nach der gewöhnlichen Theorie kleiner als die Zusatzdruckspannung σ_x'. Es muß dann eine Stelle, wo der Unterschied $\sigma_x - \sigma_y$ Null ist, unter der Mittelachse vorhanden sein. Diese Tatsache stimmt mit dem Experiment überein. In der Abb. 93 ist die Stelle, wo alle isoklinischen Kurven sich treffen, der Nullschubspannungspunkt, in dem das Verhältnis $\frac{c}{b}$ genau $= 0,5$ ist. In diesem Falle kann man nicht mehr eine Annäherungsgleichung wie die oben angeführte aufstellen, weil die Spannungsverteilung sich von Punkt zu Punkt stark und in eigentümlicher Weise ändert (vgl. Fußnote S. 37).

§ 16. Annähernde Ermittelung der Spannungskurven für den Balken mit einer Last in der Mitte, an den Enden gestützt.

Wir wollen jetzt untersuchen, wie die lokale Störung den Verlauf der Spannungskurven beeinflußt. Man kann natürlich nach Gl. (1) die Kurven genau feststellen, aber weil die Berechnung sehr kompliziert und unpraktisch ist, sind wir genötigt, die Spannungskurven annäherungsweise unter einigen Voraussetzungen zu ermitteln.

Zuerst wollen wir die Kurven in der Spannmitte betrachten.

a) Spannungskurven in der Spannmitte.

Man nehme an wie früher, daß die lokalen Spannungen aus folgenden zwei Gliedern bestehen:

1. die Spannungen, abgeleitet nach der bekannten Spannungsgleichung für Halbscheiben, d. h. nach der Gl.

$$\sigma_r = \frac{2\,P}{\pi\,r}\cos\theta .$$

2. die sog. Zusatzspannungen.

---

[1] Wilson hat versucht diese Nullschubspannungspunkte zu ermitteln durch Superposition der Spannung nach gewöhnlicher Theorie mit derjenigen der Halbscheibe mit einer Last. d. h. durch die Schnittpunkte der Geraden $\left(\sigma_x = \frac{Pc}{b^3}\frac{3}{8}\cdot y\right)$ mit einer Hyperbel $\left(\sigma_y = \frac{2P}{\pi y}\right)$.

Für die 1. Spannungen nehme ich die Stokessche Annäherungsgleichung für vertikale Spannung in der Spannmitte an, d. h.

$$\sigma_y = -\frac{2\,P}{\pi}\left(\frac{1}{y} - \frac{y}{h^2}\right),$$

wo h die Höhe des Balkens ist.

Weil das Gebiet der lokalen Störung ungefähr mit einem Kreis, dessen Mittelpunkt der Belastungspunkt ist, und dessen Durchmesser der Balkenhöhe gleicht, beschrieben wird, wird die Spannung der 1. Art durch die folgende Gleichung angegeben:

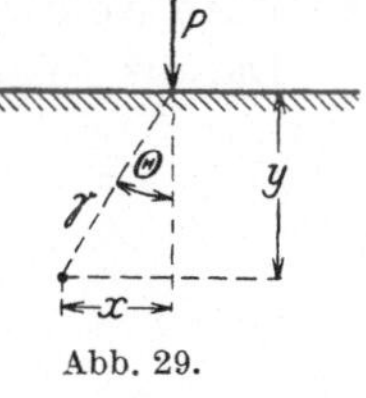

Abb. 29.

$$\begin{aligned}
{}_1\sigma_x &= -\frac{2\,P}{\pi}\left(\frac{1}{r} - \frac{r}{h^2}\right)\cos\theta\,\sin^2\theta, \\[2mm]
\sigma_y &= -\frac{2\,P}{\pi}\left(\frac{1}{r} - \frac{r}{h^2}\right)\cos^3\theta, \\[2mm]
{}_1\tau &= \frac{2\,P}{\pi}\left(\frac{1}{r} - \frac{r}{h^2}\right)\cos^2\theta\,\sin\theta.
\end{aligned}\qquad (9)$$

Weil

$$\frac{1}{r} - \frac{r}{h^2} = \frac{h^2 - (x^2+y^2)}{h^2\,(x^2+y^2)^{\frac{1}{2}}} = \frac{1}{h}\,\frac{1-\xi'^2-\eta'^2}{(\xi'^2+\eta'^2)^{\frac{1}{2}}}\qquad \left(\text{wo}\ \xi' = \frac{x}{h}\ \text{und}\ \eta' = \frac{y}{h}\ \text{ist}\right)$$

und

$$\cos\theta = \frac{\eta'}{(\xi'^2+\eta'^2)^{\frac{1}{2}}};\qquad \sin\theta = \frac{\xi'}{(\xi'^2+\eta'^2)^{\frac{1}{2}}}\quad \text{ist, so ist}$$

$$\begin{aligned}
{}_1\sigma_x &= -\frac{2\,P}{\pi\,h}\,\frac{(1-\xi'^2-\eta'^2)}{(\xi'^2+\eta'^2)^2}\,\eta'\,\xi'^2, \\[2mm]
\sigma_y &= -\frac{2\,P}{\pi\,h}\,\frac{(1-\xi'^2-\eta'^2)}{(\xi'^2+\eta'^2)^2}\,\eta'^3, \\[2mm]
{}_1\tau &= \frac{2\,P}{\pi\,h}\,\frac{(1-\xi'^2-\eta'^2)}{(\xi'^2+\eta'^2)^2}\,\eta'^2\,\xi'
\end{aligned}$$

oder

$$\begin{aligned}
{}_1\sigma_x &= -\frac{3\,P}{2\,b}\cdot K\,\xi'^2, \\[2mm]
\sigma_y &= -\frac{3\,P}{2\,b}\,K\cdot\eta'^2, \\[2mm]
{}_1\tau &= \frac{3\,P}{2\,b}\,K\cdot\xi'\,\eta',
\end{aligned}\qquad (10)$$

wo

$$K = \frac{2}{3\,\pi}\,\frac{(1-\xi'^2-\eta'^2)\,\eta'}{(\xi'^2+\eta'^2)^2}\quad \text{ist.}$$

Um die Spannung der 2. Art zu bestimmen, wollen wir hier den Balken mit den Verhältnissen $\frac{a}{b} = 6$ und $\frac{c}{b} = 4$ betrachten, und nach Tabelle 1 folgende Werte für die Zusatzspannung auswählen:

$$\sigma_x^0 = 0{,}25,$$

$$\sigma_y^{-b'} = -0{,}43.$$

Wir wollen annehmen, daß die Zusatzspannung in den Y und X Richtungen geradlinig sich ändert und an dem Querschnitt $x = b$ vollkommen verschwindet.

Daraus folgt die Gleichung für Zusatzspannung

$$2\,\sigma_x = \frac{P}{2\,b}\cdot 0{,}93\,(1 - 2\,\xi')\left(1 - \frac{\eta'}{0{,}684}\right)\;^1$$

$$= \frac{3\,P}{2\,b}(1 - 2\,\xi')\,H, \tag{11}$$

wo $\qquad H = 0{,}31 - 0{,}453\,\eta'$ ist.

Dazu kommen noch die Spannungen nach gewöhnlicher Balkentheorie, die durch folgende Gleichung ermittelt werden.

$$_3\sigma_x = \left[\frac{M}{J}\,y\right]$$

in diesem Falle

$$= -\frac{6\,P\,(c - x)}{h^3}\left(\frac{h}{2} - y\right)$$

$$= -\frac{3\,P}{h}(2 - \xi')(1 - 2\,\eta')$$

$$= -\frac{3\,P}{2\,b}(2 - \xi')(1 - 2\,\eta') \tag{12}$$

$$_2\tau = \left[\frac{P}{4\,J}(b^2 - y^2)\right]$$

in diesem Falle

$$= \frac{3\,P}{h^3}\left\{\frac{h^2}{4} - \left(\frac{h}{2} - y\right)^2\right\}$$

$$= \frac{3}{2}\frac{P}{b}(1 - \eta')\,\eta'. \tag{13}$$

Nach Gl. (10) bis (13) berechnet man die Gleichung für Hauptschubspannungskurven

$$2\,\tau_{12} = \frac{3}{2}\frac{P}{b}\,n$$

$$= \frac{3}{2}\frac{P}{b}\,\sqrt{[(2 - \xi')(1 - 2\eta') + k(\xi'^2 + \eta'^2) - (1 - 2\,\xi')H]^2 + 4\,[(1 - \eta')\eta' + K\xi'\eta']^2}$$

$$n = \sqrt{[(2 - \xi')(1 - 2\eta') + K(\xi'^2 - \eta'^2) - (1 - 2\,\xi')H]^2 + 4\,[(1 - \eta')\eta' + K\xi'\eta']^2}. \tag{14}$$

---

[1] Wenn wir den Querschnitt $\eta' = $ konst. betrachten, wird die Spannung wie folgt ausgedrückt: $_2\sigma_x = (1 - 2\,\xi')\,\sigma_{x0}$, wobei σ_{x0} die Spannung in dem Querschnitt durch die Spannmitte ist. Diese Spannung σ_{x0} ändert sich geradlinig nach unserer Voraussetzung und wird mit der Gl. $\sigma_{x0} = \left(1 - \frac{\eta'}{0{,}684}\right)0{,}93\,\frac{P}{2\,b}$ ausgedrückt.

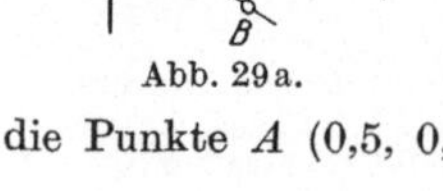

Abb. 29a.

Dies ist nämlich die Gleichung einer Geraden, die durch die Punkte A (0,5, 0,25) und B (1, $-$ 0,43) geht.

Man berechnet nach (14) die Werte von n für verschiedene Werte von ξ' und η', wie Tabelle 2a zeigt[1]. Für isoklinische Kurven erhält man

$$\tan 2\,\Phi_1 = \frac{2\,[(1-\eta')\,\eta' + K\,\xi'\,\eta']}{(2-\xi')\,(1-2\,\eta') + K\,(\xi'^2+\eta'^2) - (1-2\,\xi')\,H}. \tag{15}$$

Tabelle 2b ist danach gerechnet.

Abb. 30 zeigt die Spannungsänderung in der Spannmitte. Die Lage der Nullschubspannungspunkte wird durch die Schnittpunkte der Kurven für Spannungen σ_x und σ_y gegeben.

b) Spannungskurven an den Auflagern. Wir wollen die Gebiete „d" und „e" jedes für sich betrachten (s. Abb.). In

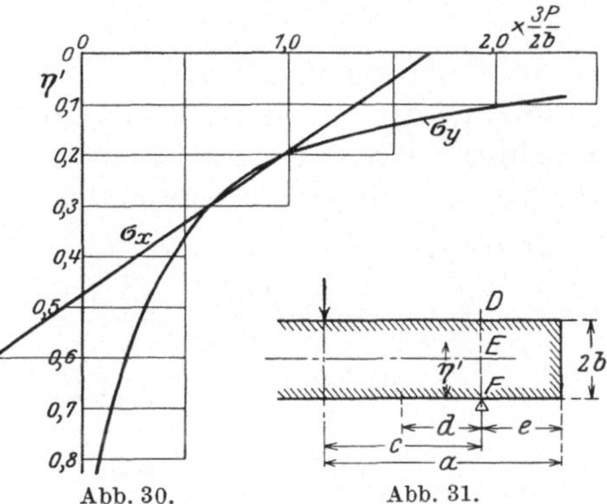

Abb. 30.　　　　Abb. 31.

bezug auf das Gebiet „d" nehme man dieselbe Voraussetzung wie im Falle 1. an, so erhält man für die Spannungen der 1. Art:

<hr>

[1]

Tabelle 2a „n".

η' \ ξ'	0	0,1	0,2	0,4	0,6	0,8	1,0
0		1,652	1,614	1,537	1,400	1,200	1,000
0,1	0,765	1,790	1,600	1,337	1,168	0,987	0,819
0,2	0,039	1,080	1,327	1,115	0,96	0,815	0,680
0,3	0,018	0,781	0,928	0,893	0,775	0,662	0,580
0,4	0,175	0,680	0,755	0,723	0,633	0,557	0,519
0,5	0,403	0,713	0,720	0,650	0,567	0,512	0,500
0,6	0,666	0,832	0,800	0,697	0,607	0,537	0,519
0,7	0,947	1,010	0,963	0,835	0,719	0,637	0,58
0,8	1,243	1,235	1,174	1,04	0,898	0,788	0,68
0,9	1,547	1,495	1,385	1,275	1,133	0,977	0,819
1,0	1,857	1,786	1,757	1,561	1,400	1,20	1,000

Tabelle 2b. „$\tan 2\,\Phi_1$".

η' \ ξ'	0,1	0,2	0,4	0,6	0,8	1,0
0,1	0,933	0,330	0,174	0,166	0,189	0,225
0,2	2,005	0,769	0,448	0,402	0,447	0,533
0,3	4,700	1,800	0,916	0,795	0,876	1,050
0,4	−7,670	9,500	2,245	1,780	1,965	2,400
0,5	−1,780	−2,850	−12,900	46,300	89,000	
0,6	−0,893	−1,110	−1,580	−1,925	−2,000	−2,400
0,7	−0,514	−0,591	−0,718	−0,790	−0,875	−1,050
0,8	−0,287	−0,319	−0,362	−0,381	−0,444	−0,533
0,9	−0,128	−0,142	−0,146	−0,161	−0,188	−0,225

$$\left.\begin{array}{l}
{}_1\sigma_x = -\dfrac{3}{2}\dfrac{P}{b}\cdot\dfrac{K}{2}\,\xi'^2\,, \\[2mm]
\sigma_y = -\dfrac{3}{2}\dfrac{P}{b}\cdot\dfrac{K}{2}\,\eta'^2\,. \\[2mm]
{}_1\tau = \dfrac{3}{2}\dfrac{P}{b}\dfrac{K}{2}\,\xi'\,\eta'\,,
\end{array}\right\} \qquad (16)$$

wo der Anfangspunkt der Koordinaten der Stützpunkt ist.

Für die Spannung der 2. Art muß man zuerst die Zusatzspannung berechnen. Wir wollen zwei Punkte D und E im vertikalen Querschnitt durch den Stützpunkt betrachten.

Infolge (1)

$$\left.\begin{array}{l}
\sigma_x^0 = \sigma_x^E = -\sum(A_n + B_n)\,C_1\cos n\,\pi\,\dfrac{c}{a}\,, \\[2mm]
\sigma_x^{+b} = \sigma_x^D = -\dfrac{3}{2\cdot b^2}\sum(A_n + B_n)\cos\dfrac{n\,\pi}{\alpha^2}\,, \\[2mm]
\qquad +\dfrac{1}{2}\sum(A_n + B_n)\,C_3\cos n\,\pi\,\dfrac{c}{a}\,, \\[2mm]
\qquad +\dfrac{1}{2}\sum(A_n - B_n)\,C_4\cos n\,\pi\,\dfrac{c}{a}\,,
\end{array}\right\} \qquad (17)$$

wo für die Konstanten C_1, C_3 und C_4 Gl. (4') und (5') heranzuziehen sind.

Daraus ergibt sich

$$ {}_2\sigma_x^E = +\dfrac{3\,P}{2\,b}\cdot 0{,}0415\,, $$

$$ {}_2\sigma_y^D = -\dfrac{3\,P}{2\,b}\cdot 0{,}102\,. $$

Dies sind in diesem Falle zugleich die Zusatzspannungen infolge der lokalen Störung.

Man nehme die geradlinige Spannungsveränderung an, wie im Falle 1, so erhält man

$$\sigma_x^F = +\dfrac{3\,P}{2\,b}\cdot 0{,}185\,.$$

Ferner

$$ {}_2\sigma_x = \dfrac{3\,P}{2\,b}\Big(1 - \dfrac{\eta'}{0{,}6446}\Big)(1 - 2\,\xi')\cdot 0{,}185 = \dfrac{3\,P}{2\,b}H'(1 - 2\,\xi')\,, \qquad (18)$$

wo $H' = 0{,}185 - 0{,}287\,\eta'$ ist. Der Ursprung der Koordinatenachsen ist in diesem Falle der Stützpunkt. Dazu kommen noch die Spannungen nach der gewöhnlichen Balkentheorie,

$$ {}_3\sigma_x = \dfrac{3}{2}\dfrac{P}{b}\,\xi'(1 - 2\,\eta') \qquad (19)$$

$$ {}_2\tau = \dfrac{3}{2}\dfrac{P}{b}(1 - \eta')\,\eta'\,. \qquad (20)$$

Infolge Gl. (16) bis (20) erhalten wir

$$ n = \sqrt{\Big[\xi(1 - 2\,\eta') + H'(1 - 2\,\xi') - \dfrac{K}{2}(\xi'^2 - \eta'^2)\Big]^2 + [2(1 - \eta')\eta' + K\xi'\eta']^2} \qquad (21)$$

$$ \tan 2\,\Phi_1 = \dfrac{2(1 - \eta')\eta' + K\,\xi'\,\eta'}{\xi(1 - 2\,\eta') + H'(1 - 2\,\xi') - \dfrac{K}{2}(\xi'^2 - \eta'^2)}\,. \qquad (22)$$

In bezug auf das Gebiet von dem Stützpunkt bis zum freien Ende wollen wir annehmen, daß die Spannungen $_2\tau$ und $_2\sigma_x$ nach dem Balkenende zu geradlinig sich ändern und an dem Querschnitt $\dfrac{x}{b} = 1$ verschwinden.

Wir erhalten somit folgende Gleichungen für Spannungskurven in unserem Falle $(2\,b = e)$

$$n = \sqrt{\left[H'(1-2\,\xi') - \frac{K}{2}(\xi'^2 - \eta'^2)\right]^2 + \left[2\,(1-\eta')\,\eta'\,(1-\xi') - K\,\xi'\,\eta'\right]^2} \qquad (23)$$

$$\tan 2\,\Phi_1 = \frac{2\,(1-\eta')\,\eta'\,(1-\xi') - K\,\xi'\,\eta'}{H'(1-2\,\xi') - \dfrac{K}{2}(\xi'^2 - \eta'^2)}\,. \qquad (24)$$

Die berechneten Werte von n und Φ_1 für verschiedene Werte von ξ' und η' findet man in den Tabellen 3a und 3b[1].

Tabelle 3a. „n".

η' \ ξ'	0,8	0,6	0,4	0,2	0,1	0	0,1	0,2
0	0,800	0,600	0,437	0,311	0,348		0,148	0,111
0,02							0,064	0,060
0,05					0,432		0,305	0,003
0,08							0,380	0,043
0,1	0,660	0,499	0,368	0,369	0,729	1,218	0,396	0,060
0,2	0,570	0,476	0,443	0,597	0,760	0,713	0,350	0,093
0,3	0,528	0,500	0,534	0,652	0,686	0,593	0,347	0,153
0,4	0,513	0,528	0,578	0,643	0,633	0,562	0,373	0,210
0,5	0,506	0,533	0,575	0,601	0,585	0,539	0,383	0,242
0,6	0,507	0,518	0,538	0,539	0,524	0,496	0,367	0,246
0,7	0,528	0,493	0,477	0,456	0,442	0,425	0,321	0,223
0,8	0,577	0,480	0,411	0,357	0,334	0,320	0,245	0,173
0,9	0,665	0,512	0,379	0,127	0,219	0,187	0,144	0,105
1,0	0,800	0,600	0,420	0,271	0,182	0,102	0,082	0,061

Tabelle 3b. „tan 2 Φ".

η' \ ξ'	0,8	0,6	0,4	0,2	0,1	0	0,1	0,2
0,01							$-$ 0,035	
0,02							1,070	0,233
0,05					$-$ 16,900		2,255	$-$ 0,257
0,08							$-$ 21,100	1,105
0,1	0,286	0,402	0,669	2,570	3,410	0,148	3,000	1,960
0,2	0,697	1,013	1,810	2,880	1,588	0,502	0,194	$-$ 0,679
0,3	1,375	2,080	3,340	2,780	1,700	0,998	0,536	0,418
0,4	3,180	4,920	6,070	3,345	2,230	1,635	1,200	1,055
0,5	$-$ 176,000	87,300	22,900	4,940	3,240	2,490	1,985	1,765
0,6	$-$ 3,000	$-$ 4,200	$-$ 9,740	12,180	5,560	3,810	3,090	2,745
0,7	$-$ 1,312	$-$ 1,820	$-$ 3,170	$-$ 13,600	23,700	6,850	5,380	4,680
0,8	$-$ 0,667	$-$ 0,888	$-$ 1,427	$-$ 3,040	$-$ 6,450	100,000	28,600	20,450
0,9	$-$ 0,281	$-$ 0,375	$-$ 0,548	$-$ 0,992	$-$ 1,560	$-$ 3,535	$-$ 3,650	$-$ 3,510

Abb. 32 zeigt die Spannungsveränderung im vertikalen Querschnitt durch den Stützpunkt. Der Schnittpunkt der Kurven σ_x und σ_y gibt in diesem Falle die Stelle, wo die Hauptspannungsrichtung mit den Koordinatenachsen einen Winkel von 45^0 bildet.

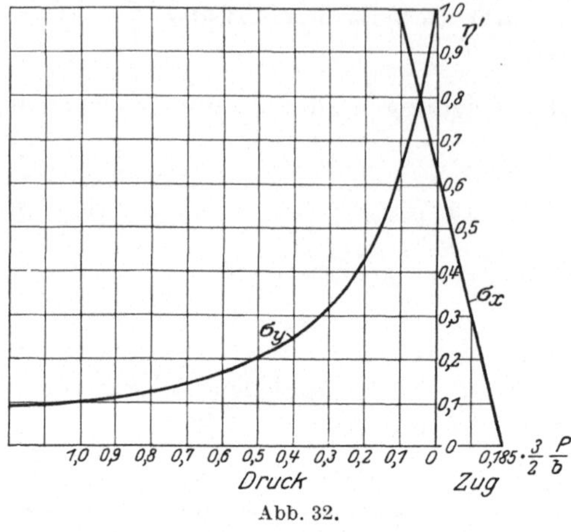

Abb. 32.

Abb. 33a und b zeigen die Spannungskurven im ganzen Gebiet des Balkens, die nach den Tabellen 2 und 3 gezeichnet sind. Die beiden Spannungskurven sehen ganz anders aus als diejenigen nach der gewöhnlichen Balkentheorie (vgl. Abb. 9 und 13).

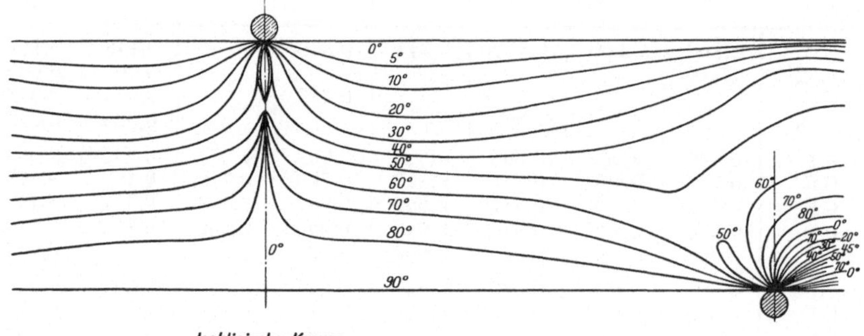

Abb. 33 a.

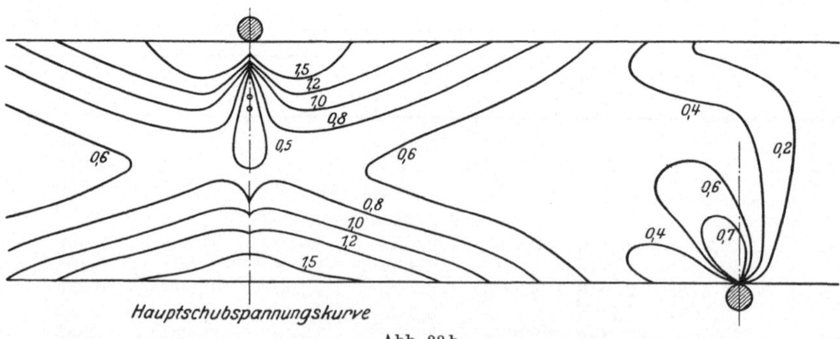

Abb. 33 b.

Die isoklinischen Kurven z. B. sind im Gebiet der lokalen Störung in den Richtungen nach den Stützpunkten und dem Belastungspunkt hin gesammelt, und gehen von der Form A in der Abb. 34 zur Form B über.

Dies Resultat stimmt mit dem Versuch, besonders in bezug auf die isoklinischen Kurven ganz genau überein (vgl. Abb. 90a und b). Für die Hauptschubspannungskurven war der Versuch nicht genau genug, weil ich dabei weißes Licht anwendete und mit den gewöhnlichen Gipsplättchen aus der Mohrschen Kollektion[1] die Spannungskurven ermittelt habe (Genaueres s. Abschn. VII). Die Übereinstimmung ist trotzdem so groß, daß wir mit dem Resultat sehr zufrieden sein können.

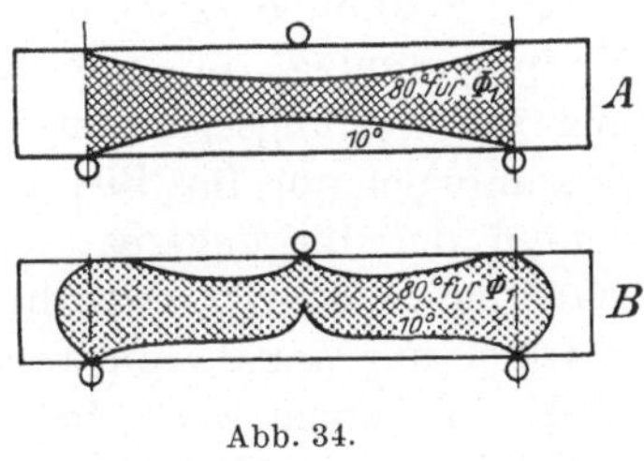

Abb. 34.

Anmerkung. Die Zusatzspannungen an den Auflagern verstärken die Hauptspannungen nach der gewöhnlichen Balkentheorie. Diese Tatsache ist besonders für Eisenbetonbalken beachtenswert.

V. Keilförmige Träger.

A. Keilförmige Träger mit einer Last.

§ 17. Übersicht.

Keilförmige Träger werden in den Fundamenten der Gebäude, in Stützmauern usw. benutzt. Was die Rechnungsart anbetrifft, so steht in den Büchern meistens, daß man sie als Träger von konstanten Querschnitten ansieht. In den Stützmauern beispielsweise ist das Widerstandsmoment:

$$M = f_K \frac{b h^2}{6}$$

(Siehe Abb. 35.) Diese Voraussetzung paßt nur bei geringer Schräge, in anderem Falle ist sie nicht anwendbar. Wenn die Schräge gering ist, so kann man diese Gleichung nach Hooke-Bernoullischer Theorie als Annäherungsgleichung benutzen, andernfalls aber darf man sie nicht mehr anwenden. Der Grund liegt darin, daß man:

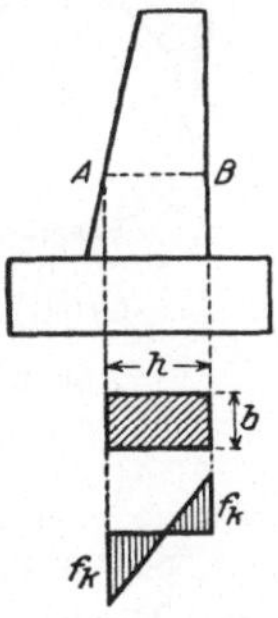

Abb. 35.

1. die Spannungsverteilung geradlinig voraussetzt,

2. die Hypothese Naviers benutzt für den Querschnitt $A B$, welcher nicht der zur Achse senkrechte ist.

Unter der Voraussetzung der geradlinigen Spannungsvariationen und des Navierschen Gesetzes muß man noch beachten, daß die äußerste Spannung f_K nicht die maximale Spannung am Punkt A, sondern eine

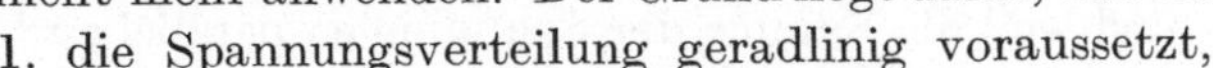

[1] Vgl. § 42.

Komponente ist. Die maximale Randspannung muß immer der Richtung des Randes parallel sein. Denn weil die Schubspannung parallel und lotrecht zur Randrichtung selbstverständlich immer Null sein muß, so ist die Hauptspannung parallel zum Rand.

Die Spannung f_K ist deshalb die Komponente (lotrecht zu AB) der Hauptspannung, die zum Rand parallel ist. Die Hauptspannung ist hier die Biegungsspannung. Man muß die geradlinige Variation der Spannungen nur für Biegungsspannungen und nicht für die Komponenten der Biegungsspannungen benutzen. Nebenbei bemerkt, muß man darauf achten, daß die Theorie der sog. Träger von konstanten Stärken nur annäherungsweise zutrifft[1].

In folgendem werde ich die genaue Theorie für keilförmige Träger nach Airyscher Funktion behandeln und am Schluß auf die durch Anwendung der Hooke-Bernoullischen Theorie entstandenen Fehler eingehen.

§ 18. Halbscheiben mit einer Last.

Wenn in einem Punkt einer unendlich ausgedehnten Ebene eine konzentrierte Last, deren Richtung mit der Ebene zusammenfällt, wirkt, wird die Spannungsverteilung folgendermaßen in Polarkoordinaten ermittelt:

$$\sigma_r: \text{radiale Spannung} \quad = -\frac{P}{\pi c}\frac{\cos\Phi}{r} \ *$$
$$\sigma_t: \text{tangentiale Spannung} = 0 \tag{1}$$
$$\tau: \text{Schubspannung} \qquad = 0$$

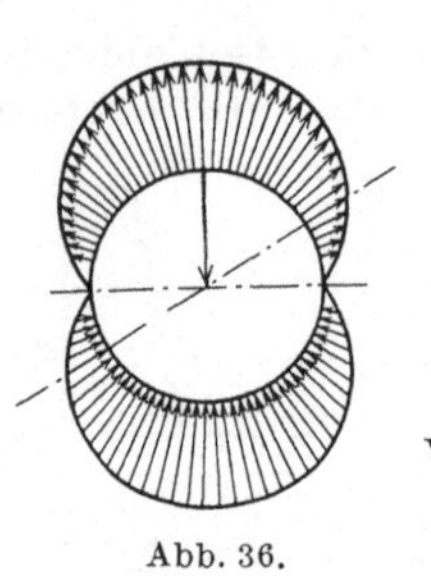

Abb. 36.

wo

r: die Strecke, gemessen von dem belasteten Punkt,

P: die Last,

Φ: der Winkel zwischen r und der Richtung der Last,

c: die Dicke der Ebene (im folgenden wird die Einheitsstärke angenommen)

ist.

Selbstverständlich ergeben die oben genannten Formeln die Lösung des Problems als Ebenen-Problems. Weil die tangentiale Spannung immer Null ist, und weil die Summe der Spannungen parallel zur Lastrichtung in den beiden Hälften, die durch eine durch den Pol gehende Gerade entstehen, dieselbe ist, so können wir uns die Ebene in zwei Teile geteilt denken.

---

[1] Bach: Elastizität und Festigkeit, S. 255.

* Diese Formel hat Stokes in seiner optisch-experimentellen Abhandlung über Glasbalken schon gefunden (1891). Theoretische Behandlung darüber s. „Föppl" oder „Lorenz".

Wir haben jetzt das Halbscheibenproblem, und für dieses gilt die Gleichung:

$$\sigma_r = -\frac{2\,P\cos\Phi}{\pi}\,\frac{1}{r}, \qquad \sigma_t = \tau = 0. \tag{2}$$

Die Tatsache, daß es nur die Normalspannung und weder Tangentialspannung noch Schubspannung gibt, läßt uns die Ebene mit den Linien,

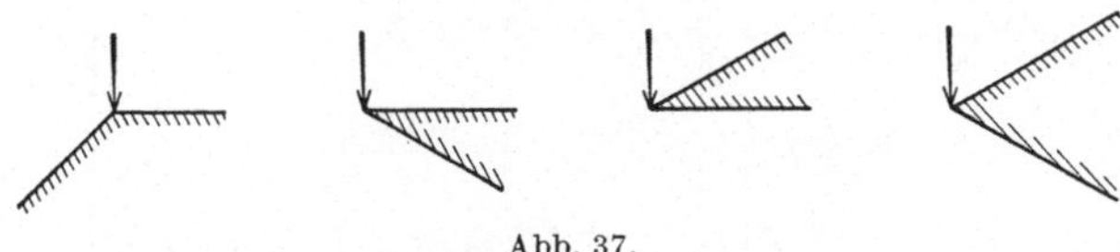

Abb. 37.

die vom belasteten Punkt ausstrahlen, beliebig teilen und diese Teile für sich betrachten. Wir haben auf diese Weise das Problem keilförmiger Träger ganz allgemein.

§ 19. Keilförmige Träger mit einer Last an der Spitze.

Die Betrachtung der Formel (2) zeigt uns gleich, daß die Airysche Funktion für keilförmige Träger mit einer Last folgende Form hat:

$$F = A\cdot r \sin\Phi\cdot\Phi + B\cdot r\cdot\cos\Phi\cdot\Phi, \tag{3}$$

wo A und B die Konstanten, abhängig von dem Keilwinkel 2γ sind. Wenn man von (3) die Normalspannung ableitet und $\gamma = \frac{\pi}{2}$ setzt, so muß die Gleichung dieselbe Form erhalten wie (2).

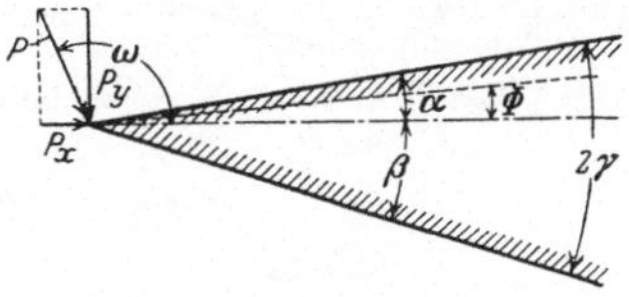

Wir erhalten danach:

$$\sigma_r = \frac{1}{r}\frac{\partial F}{\partial r} + \frac{1}{r^2}\frac{\partial^2 F}{\partial \Phi^2}$$

Abb. 38.

$$= A\,\Phi\,\frac{\sin\Phi}{r} + \frac{A}{r}\left(-\Phi\sin\Phi + \cos\Phi + \cos\Phi\right)$$

$$+ B\,\Phi\,\frac{\cos\Phi}{r} + \frac{B}{r}\left(-\Phi\cos\Phi + \sin\Phi + \sin\Phi\right)$$

$$= \frac{2\,B}{r}\sin\Phi + \frac{2\,A}{r}\cos\Phi$$

$$\sigma_t = \frac{\partial^2 F}{\partial r^2} = 0 \tag{4}$$

$$\tau = -\frac{\partial}{\partial r}\left(\frac{1}{r}\frac{\partial F}{\partial \Phi}\right) = 0$$

Um die Konstanten A und B zu bestimmen, haben wir folgende zwei Gleichgewichtsbedingungen:

$$P \sin \omega = P_y = \int_{\beta}^{\alpha} \sigma_r \sin \Phi \, r \, d\Phi$$

$$= 2\,A \left(-\frac{\cos 2\,\alpha}{4} + \frac{\cos 2\,\beta}{4} \right)$$

$$+ \frac{B}{2} \{2\,(\alpha - \beta) - \sin 2\,\alpha + \sin 2\,\beta\}$$

$$P \cos \omega = P_x = \int_{\beta}^{\alpha} \sigma_r \cos \Phi \, r \, d\Phi$$

$$= 2\,B \left(-\frac{\cos 2\,\alpha}{4} + \frac{\cos 2\,\beta}{4} \right)$$

$$+ \frac{A}{2} \{2\,(\alpha - \beta) + \sin 2\,\alpha - \sin 2\,\beta\} . \qquad (5)$$

Aus diesen Gl. (5) kann man leicht die Konstanten A und B bestimmen.

Wenn $\qquad\qquad\qquad \alpha = -\,\beta = \pm\,\gamma \qquad$ angenommen wird,

so ist $\qquad\qquad\qquad P_y = B\,(2\,\gamma - \sin 2\,\gamma),$

$$P_x = A\,(2\,\gamma + \sin 2\,\gamma).$$

Daraus folgt:

$$B = \frac{P_y}{2\,\gamma - \sin 2\,\gamma}$$

$$A = \frac{P_x}{2\,\gamma + \sin 2\,\gamma} \qquad\qquad (6)$$

Daraus folgt infolge (4)

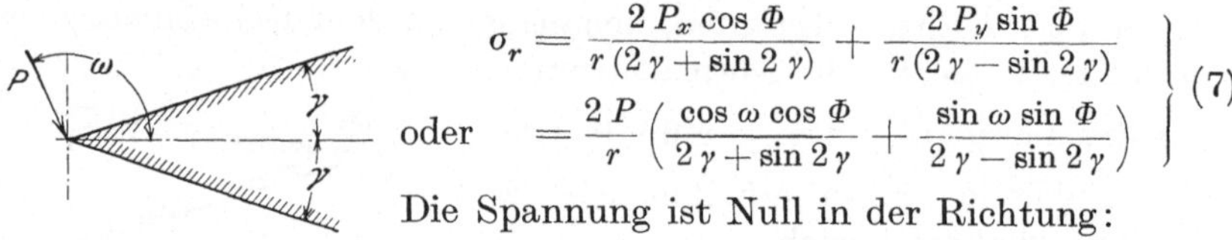

$$\sigma_r = \frac{2\,P_x \cos \Phi}{r\,(2\,\gamma + \sin 2\,\gamma)} + \frac{2\,P_y \sin \Phi}{r\,(2\,\gamma - \sin 2\,\gamma)}$$

$$\text{oder} \quad = \frac{2\,P}{r} \left(\frac{\cos \omega \cos \Phi}{2\,\gamma + \sin 2\,\gamma} + \frac{\sin \omega \sin \Phi}{2\,\gamma - \sin 2\,\gamma} \right) \qquad (7)$$

Die Spannung ist Null in der Richtung:

$$\tan \Phi_0 = - \left(\frac{2\,\gamma - \sin 2\,\gamma}{2\,\gamma + \sin 2\,\gamma} \right) \cot \omega \qquad (8)$$

Abb. 39.

Durch Änderung der Koordinatenachsen kann man immer den Fall Abb. 39 ableiten aus dem Fall Abb. 38. Wir wollen deswegen im folgenden nur die Gleichung (7) benutzen.

Wir betrachten zuerst einige Spezialfälle.

1. Halbscheibe mit einer Last in beliebiger Richtung.

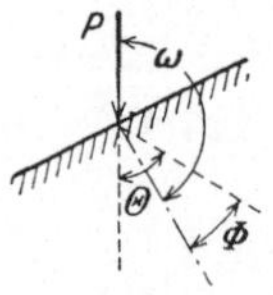

In diesem Falle ist $\qquad\qquad \gamma = \dfrac{\pi}{2}$

Infolge (7) $\qquad \sigma_r = \dfrac{2\,P}{r\,\pi} (\cos \omega \cos \Phi + \sin \omega \sin \Phi)$

$$= \frac{2\,P}{r\,\pi} \cdot \cos (\omega - \Phi) = -\frac{2\,P}{r\,\pi} \cos \theta,$$

Abb. 40.

wo θ der Winkel zwischen r und der Richtung der Last ist.

$$\sigma_r = -\frac{2\,P}{\pi\,r} \cos \theta, \qquad \sigma_t = \tau = 0 . \qquad (9)$$

Wir erhalten hier natürlich denselben Ausdruck wie (1′). Die Normal-spannung ist in der Richtung der Last am größten und beträgt $\sigma_r = \dfrac{2\,P}{r\,\pi}$ und ist Null in der Richtung senkrecht zur Lastrichtung. In den Rich-tungen OA, OB und OC hat die Spannung σ_r denselben Wert:

$$\left|\; \frac{2\,P\sin\alpha}{r\,\pi} \;\right|$$

Man kann die Halbscheibe in zwei Teile teilen und dadurch zwei Keile AOC und BOC erhalten. Die Spannungsverteilung dieser Halb-scheibe wird erhalten durch die Zusammenfassung des Keils mit einer Last an der Spitze in der Achsenrichtung und des Keils mit einer Last an der Spitze senkrecht zur Achse (s. Abb.).

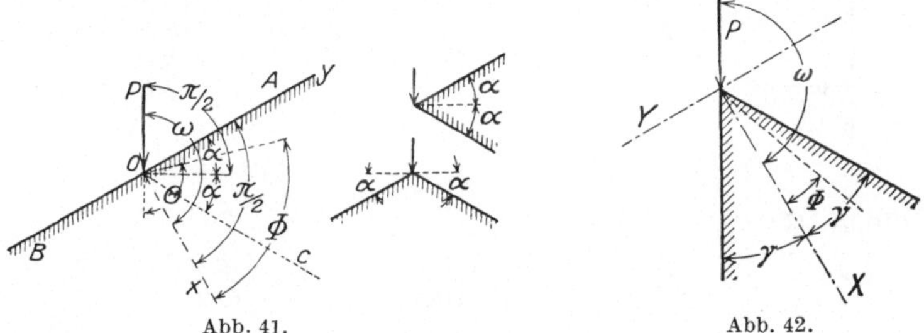

Abb. 41. Abb. 42.

2. Keilförmige Träger mit einer Last an der Spitze in der Richtung einer Kante.

In diesem Falle haben wir

$$\omega = \pi - \gamma, \quad \text{und} \quad \sin\omega = + \sin\gamma,$$
$$\cos\omega = -\cos\gamma.$$

Daraus folgt

$$\left.\begin{aligned}
\sigma_r &= \frac{2\,P}{r}\left(\frac{\sin\gamma\sin\Phi}{2\,\gamma - \sin 2\,\gamma} - \frac{\cos\gamma\cos\Phi}{2\,\gamma + \sin 2\,\gamma}\right) \\
\sigma_t &= \tau = 0.
\end{aligned}\right\} \tag{10}$$

Um die Nullachse zu ermitteln, setzen wir $\sigma_r = 0$

$$\tan\Phi_0 = \frac{2\,\gamma - \sin 2\,\gamma}{2\,\gamma + \sin 2\,\gamma}\cdot\cot\gamma. \tag{11}$$

Wenn $\gamma = \dfrac{\pi}{4}$ gesetzt wird, so ist

$$\left.\begin{aligned}
\sigma_r &= \frac{2\,P}{r\sqrt{2}}\left(\frac{\sin\Phi}{\frac{2}{\pi}-1} - \frac{\cos\Phi}{\frac{\pi}{2}+1}\right) \\
\sigma_t &= \tau = 0.
\end{aligned}\right\} \tag{12}$$

Das sind die Spannungen des Scheibenviertels mit einer Last an der Spitze in der Richtung einer Kante (s. Abb. 43).

Die Spannung ist Null in der Richtung:

$$\tan \Phi_0 = \frac{\pi - 2}{\pi + 2} = 0{,}222$$

oder $$\Phi_0 = 12^0\,30'.$$

3. Keilförmige Träger mit einer Last an der Spitze in der Richtung senkrecht zu einer Kante.

In diesem Falle haben wir

$$\omega = \frac{\pi}{2} + \gamma.$$

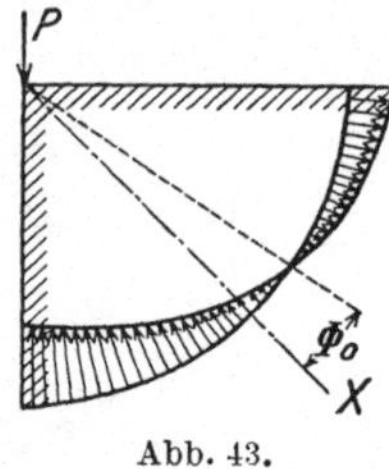

Abb. 43.

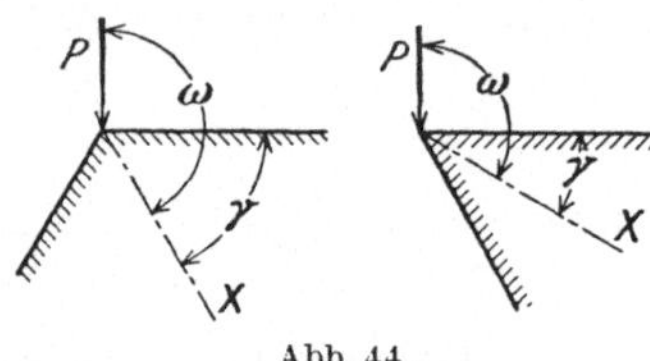

Abb. 44.

Infolge (7)

$$\sigma_r = \frac{2\,P}{r}\left(-\frac{\sin\gamma\cos\gamma}{2\,\gamma+\sin 2\,\gamma} + \frac{\cos\gamma\sin\Phi}{2\,\gamma-\sin 2\,\gamma}\right)$$

$$\left.\begin{array}{c} \tan\Phi_0 = \dfrac{2\,\gamma-\sin 2\,\gamma}{2\,\gamma+\sin 2\,\gamma}\cdot\tan\gamma. \\[2mm] \sigma_t = \tau = 0. \end{array}\right\} \tag{13}$$

4. Keilförmige Träger mit einer Last an der Spitze in der Richtung der Achse.

Wir haben in diesem Falle

$$\omega = \pi \quad \text{und} \quad \sin\omega = 0,$$
$$\cos\omega = -1.$$

Infolge (7)

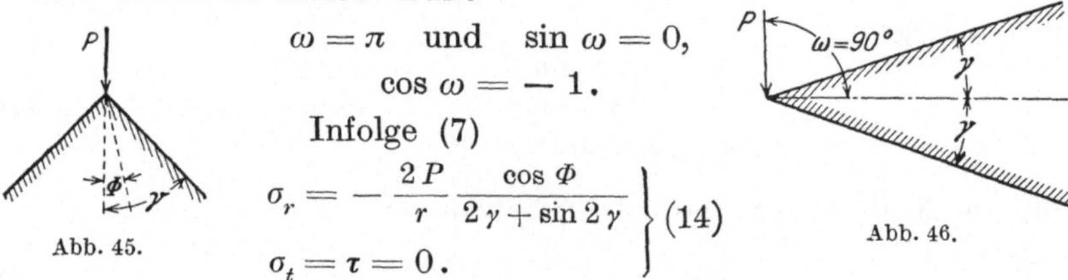

$$\left.\begin{array}{c} \sigma_r = -\dfrac{2\,P}{r}\,\dfrac{\cos\Phi}{2\,\gamma+\sin 2\,\gamma} \\[2mm] \sigma_t = \tau = 0. \end{array}\right\} \tag{14}$$

Abb. 45.

Abb. 46.

5. Keilförmige Träger mit einer Last an der Spitze in der Richtung senkrecht zur Achse.

Weil $$\omega = \frac{\pi}{2} \quad \text{und} \quad \cos\omega = 0$$

ist, erhalten wir infolge (7)

$$\left.\begin{array}{c} \sigma_r = \dfrac{2\,P}{r}\,\dfrac{\sin\Phi}{(2\,\gamma-\sin 2\,\pi)} \\[2mm] \sigma_t = \tau = 0. \end{array}\right\} \tag{15}$$

§ 20. Über die Widerstandsfähigkeit keilförmiger Träger mit einer Last an der Spitze.

Wir wollen jetzt die Gl. (7) näher betrachten.

Die Ausdrücke

$$\frac{2\gamma + \sin 2\gamma}{2} \quad \text{und} \quad \frac{2\gamma - \sin 2\gamma}{2}$$

in der Gleichung gleichen

$$2 \int_0^\gamma \cos^2 \Phi \, d\Phi \quad \text{bzw.} \quad 2 \int_0^\gamma \sin^2 \Phi \, d\Phi .$$

Daraus folgt

$$\sigma_r = \frac{P_x \cos \Phi}{r \cdot 2 \cdot \int_0^\gamma \cos^2 \Phi \, d\Phi} + \frac{P_y \sin \Phi \cdot r}{r^2 \cdot 2 \cdot \int_0^\nu \sin^2 \Phi \, d\Phi} . \tag{16}$$

Wir wollen diese Formel mit der des rechteckigen Kragträgers vergleichen. Die Gleichung für die Biegungsspannung σ_x in rechteckigem Kragträger ist bekanntlich

$$\sigma_x = \frac{P_x}{F} + \frac{P_y \, x \cdot y}{J} ,$$

wo J das Trägheitsmoment des Balkenquerschnittes und F der Balkenquerschnitt sind (vgl. Abb. 47).

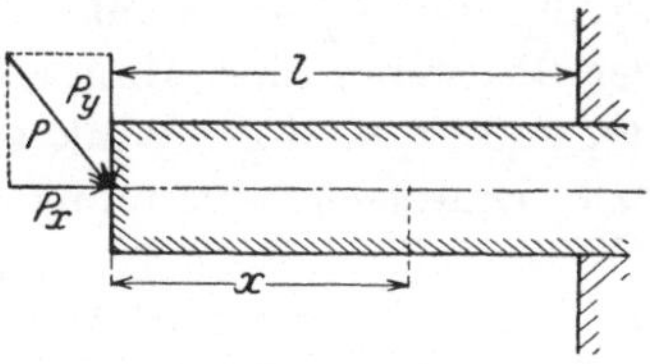

Diese beiden Ausdrücke sind einander ganz analog.

Wir wollen hier

$$r \cdot 2 \cdot \int_0^\gamma \cos^2 \Phi \, d\Phi \quad \text{mit} \quad F_p$$

und

$$r^2 \, 2 \int_0^\gamma \sin^2 \Phi \, d\Phi \quad \text{mit} \quad J_p \quad \text{bezeichnen.}$$

Abb. 47.

Dann wird die Gl. (16) wie folgt:

$$\sigma_r = \frac{P_x \cos \Phi}{F_p} + \frac{P_y \, r \cdot \sin \Phi}{J_p}$$

oder

$$= \frac{P_x \cos \Phi}{F_p} + \frac{M \sin \Phi}{J_p} , \tag{16'}$$

wo

$$\left\{ \begin{array}{l} F_p = \dfrac{r}{2}\,(2\gamma + \sin 2\gamma) \\[2mm] J_p = \dfrac{r^2}{2}\,(2\gamma - \sin 2\gamma) \end{array} \right\} \quad \text{ist.}$$

Die Werte $2\gamma + \sin 2\gamma = C$ und $2\gamma - \sin 2\gamma = S$ für die verschie-

4*

denen Winkel findet man in der Tabelle 4 Anm. [1]. Wir können die Gl. (16′) auch folgendermaßen umschreiben:

$$\sigma_r = \frac{2\,P}{\gamma}\left(\frac{\cos\Phi\cos\omega}{C} + \frac{\sin\Phi\sin\omega}{S}\right) \tag{16''}$$

Die Spannung σ_r ist am größten, wenn $\Phi = \gamma$ und $2\,\gamma < 90^0$ ist. Wenn man die größte Beanspruchung des Materials mit f bezeichnet, erhält man für die zulässige Last:

$$P = \frac{f\cdot r}{2}\,\frac{1}{\dfrac{\cos\gamma\cos\omega}{C} = \dfrac{\sin\gamma\sin\omega}{S}} \tag{17}$$

Diese Überlegung ist nur theoretisch gestattet, mit Ausschluß des Gebietes nahe der Last. In Wirklichkeit bricht der Träger an der Spitze gleich. Wenn in der Gl. (16′′) $r = 0$ gesetzt wird, so ist $\sigma_r = \infty$.

§ 21. Spannungskurven keilförmiger Träger.

a) Isoklinische Kurven und Spannungstrajektorien. Weil

$$\tan 2\,\Phi_1 = \frac{2\,\tau}{\sigma_r - \sigma_t} = 0 \text{ ist,} \quad \text{so ist} \quad \begin{cases} \Phi_1 = 0 \\ \Phi_2 = 45^0 \end{cases}$$

$$\left.\begin{aligned} \Phi_1' &= \Phi \quad \text{oder} \quad \Phi + 90^0 \\ \Phi_2' &= \Phi \pm 45^0, \end{aligned}\right\} \tag{18}$$

wo Φ_1' und Φ_2' die Winkel zwischen der X - (wagerechten) Achse und der Richtung der Hauptspannung bzw. Hauptschubspannung sind. (Φ_1 und Φ_2 sind die Winkel zwischen der Richtung der Hauptspannung bzw. Hauptschubspannung und der Richtung von r).

<hr>

[1] Tabelle 4.

$2\,\gamma$	C $= 2\gamma + \sin 2\gamma$	S $= 2\gamma - \sin 2\gamma$	C/S
10	0,3482	0,0009	386,7
15	0,5206	0,0029	179,7
20	0,6908	0,0070	98,60
25	0,8589	0,0137	62,69
30	1,024	0,0232	44,33
35	1,184	0,0373	31,74
40	1,342	0,0565	23,75
45	1,492	0,0784	19,05
50	1,639	0,1066	15,38
60	1,912	0,1812	10,56
70	2,161	0,2820	7,663
80	2,381	0,4114	5,787
90	2,571	0,5708	4,542
100	2,730	0,7605	3,390
120	2,960	1,228	2,410
140	3,086	1,801	1,713
160	3,135	2,451	1,277
180	3,142	3,142	1,000

Die Hauptspannungstrajektorie besteht deshalb aus der von dem Anfangspunkt ausstrahlenden Geraden und aus den konzentrischen Kreisen, deren Mittelpunkt der Anfangspunkt ist (s. Abb. 48a). In diesem Falle stimmen die isoklinischen Kurven mit einer Gruppe der Spannungstrajektorien überein.

Die Hauptschubspannungstrajektorie besteht aus der Schar der logarithmischen Spiralen, deren Polargleichung $r = c \cdot e^{\Phi}$ ist, weil der bestimmte Winkel, unter dem die Kurven die ausstrahlenden Geraden treffen, 45^0 ist (s. Abb. 48b).

Abb. 48a.

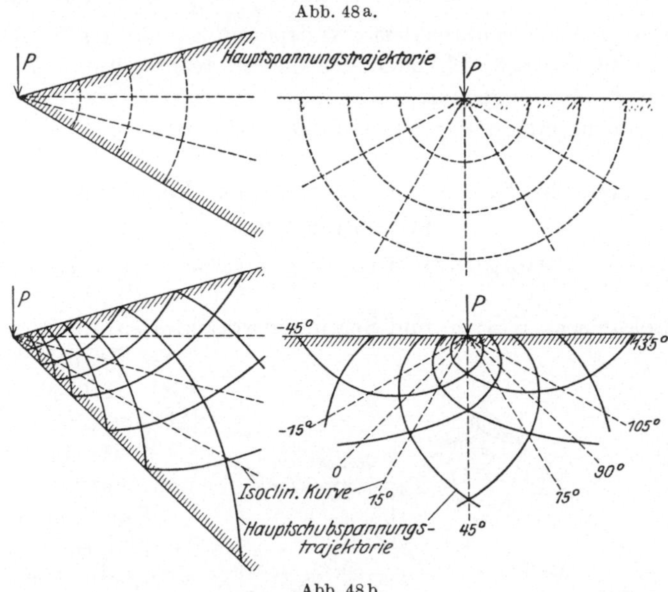

Abb. 48b.

b) Hauptschubspannungskurven. Infolge $(16'')$ haben wir

$$\sigma_r = \frac{2P}{C} \cos \omega \, \frac{\cos \Phi}{r} + \frac{2P}{S} \sin \omega \, \frac{\sin \Phi}{r}.$$

Wenn $\qquad \sigma_r = n \dfrac{P}{C} \cos \omega \qquad$ gesetzt wird, so ist:

$$\dot{n} = 2 \frac{C}{S} \tan \omega \, \frac{\sin \Phi}{r} + \frac{2 \cos \Phi}{r}$$

$$= 2 \left(\frac{C}{S} \frac{\sin \Phi}{r} \tan \omega + \frac{\cos \Phi}{r} \right)$$

$$= 2 \frac{Ky+x}{x^2+y^2}, \tag{19}$$

wo $\qquad K = \dfrac{C}{S} \tan \omega \quad$ ist.

oder
$$\tan \Phi_0 = -\frac{1}{K}$$

(infolge Gl. (8) S. 48).

Daraus folgt
$$x^2 + y^2 - 2\frac{K}{n}\,y - 2\frac{x}{n} = 0$$

oder
$$\left(x - \frac{1}{n}\right)^2 + \left(y - \frac{K}{n}\right)^2 = \frac{K^2+1}{n^2}. \tag{20}$$

Die Gl. (20) bedeutet eine Schar von Kreisen, deren Mittelpunkte $\left(x = +\frac{1}{n},\ y = +\frac{K}{n}\right)$ auf einer Geraden $\frac{y}{x} = \frac{1}{K}$ sich bewegen. Diese Gerade ist natürlich senkrecht zur Nullspannungsrichtung Φ_0. Die Nulllinienrichtung bewegt sich nach der oberen Kante, wenn der Winkel ω zunimmt und umgekehrt.

Wir wollen jetzt einige Spezialfälle betrachten.

§ 22. Beispiele für Spannungskurven keilförmiger Träger mit einer Last.

1. Die Richtung der äußeren Kraft parallel zur Keilachse.

a) Isoklinische Kurven und Spannungstrajektorien. (Siehe Abb. 49!)

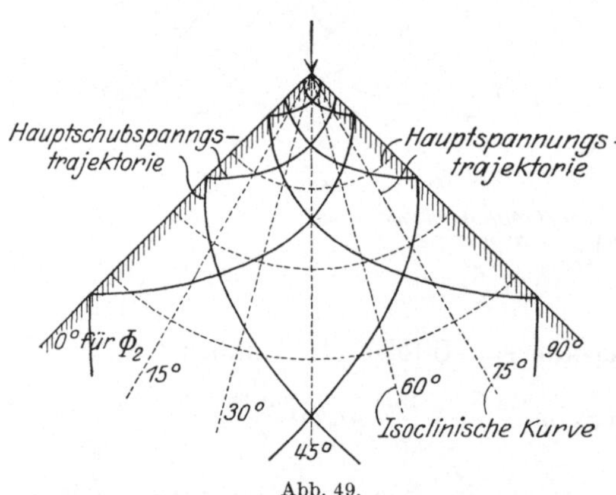

Abb. 49.

(Die Spannungskurven für Halbscheiben s. Abb. 48a und 48b.)

b) Hauptschubspannungskurven.

Wenn man in der Gl. (20) $\tan \omega = 0$ einsetzt, erhält man
$$\left(x - \frac{1}{n}\right)^2 + y^2 = \frac{1}{n^2}.$$

Das ist die Gleichung des Kreises, dessen Mittelpunkt $y = 0$, $x = \frac{1}{n}$ ist (s. Abb. 50!).

2. Richtung der äußeren Kraft senkrecht zur Keilachse.
a) Isoklinische Kurven und Spannungstrajektorien (vgl. Abb. 51).
b) Hauptschubspannungskurven.

In der Gleichung $\sigma_r = \frac{P}{S} \cdot \frac{2y}{x^2 + y^2}$ (vgl. Gl. (15) S. 50) setze man $\sigma_r = \frac{n\,P}{S}$, so erhält man $x^2 + \left(y + \frac{1}{n}\right)^2 = \frac{1}{n^2}$. Das ist die Gleichung des Kreises, dessen Mittelpunkt $x = 0$, $y = -\frac{1}{n}$ ist. (S. Abb. 52!)

3. Die Richtung der äußeren Kraft senkrecht zu einer Kante.

a) Isoklinische Kurven und Spannungstrajektorien. Sie sind dieselben wie in den vorhergehenden Beispielen.

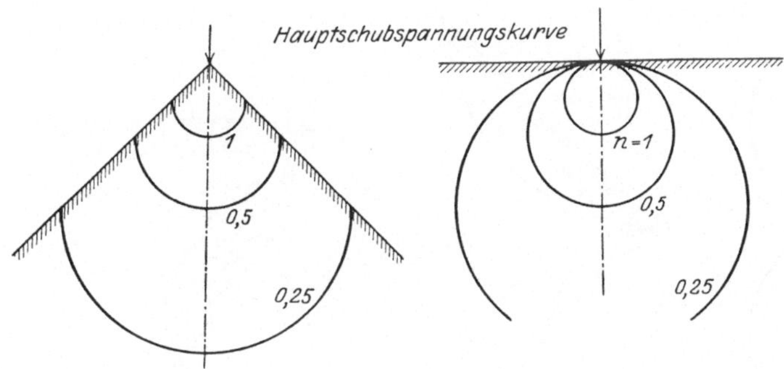

Abb. 50.

b) Hauptschubspannungskurven. Der Wert von K in der Gl. (20) ist in diesem Falle

$$K = -\frac{C}{S}\cot\gamma, \quad \text{und ferner ist} \quad \tan\Phi_0 = \frac{\tan\gamma}{\dfrac{S}{C}}.$$

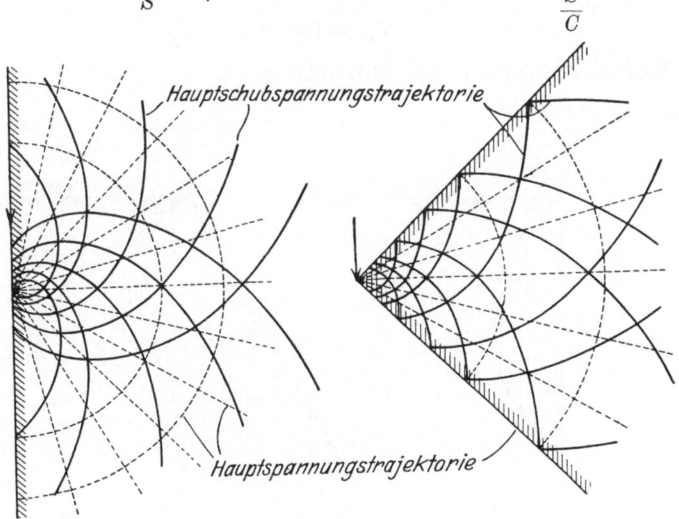

Abb. 51.

1. Beispiel:

$$\gamma = 30^0 \quad \tan 30^0 = \frac{1}{\sqrt{3}},$$

$$\frac{S}{C} = 10,56 \quad \text{(nach Tabelle 4)},$$

woraus folgt:

$$\tan\Phi_0 = \frac{0,5774}{10,56} = 0,0547 \quad \Phi_0 = 3^0\ 8'.$$

Die Hauptschubspannungskurve s. Abb. 53a.
　2. Beispiel:

$$\gamma = 45^0 \quad \tan\gamma = 1, \quad \tan\varPhi_0 = \frac{1}{4{,}542} = 0{,}22,$$

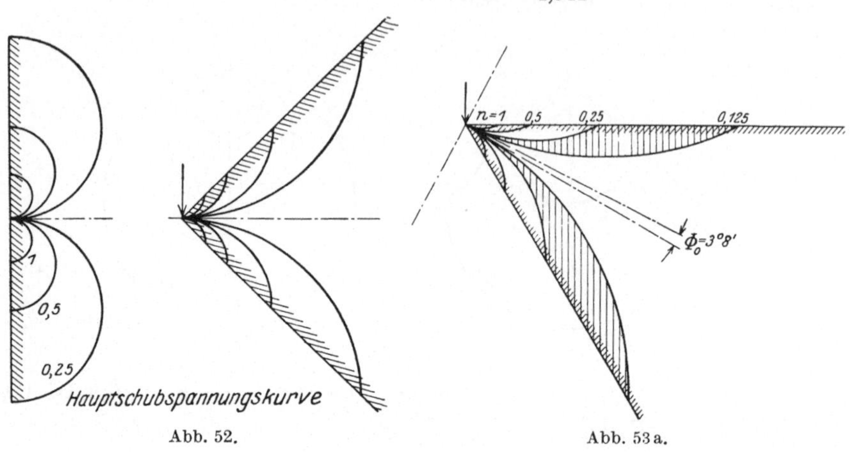

Abb. 52. 　　　　　　　　　　　　Abb. 53a.

woraus folgt:

$$\varPhi_0 = 12^0\ 25'.$$

Der Kurvenverlauf ist wie Abb. 53b zeigt.

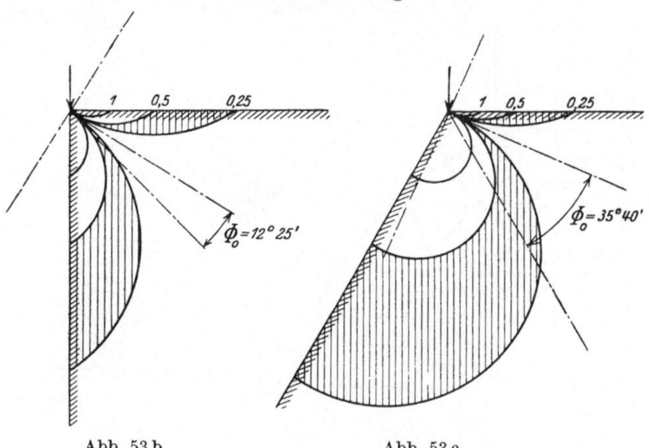

Abb. 53b. 　　　　　　　　Abb. 53c.

　3. Beispiel:

$$\gamma = 60^0, \quad \tan\gamma = \sqrt{3}, \quad \tan\varPhi_0 = \frac{1{,}732}{2{,}41} = 0{,}718,$$

woraus folgt:

$$\varPhi_0 = 35^0\ 40'.$$

Die Abb. 53c zeigt die Hauptschubspannungskurven.

B. Keilförmige Träger mit gleichmäßiger Belastung.

§ 23. Halbscheibe gleichmäßig belastet.

Die Spannungsverteilung keilförmiger Träger mit gleichmäßiger Belastung kann, wie es beim Keil mit einer Last an der Spitze der Fall ist, von dem Halbscheibenproblem abgeleitet werden. Wir wollen zuerst eine Halbscheibe mit gleichmäßiger Belastung betrachten. In der Abb. 54 ist O der Anfangspunkt der Koordinaten. Dabei wollen wir annehmen, daß die gleichmäßige Last p pro Einheitslänge sich nach rechts unendlich ausdehnt.

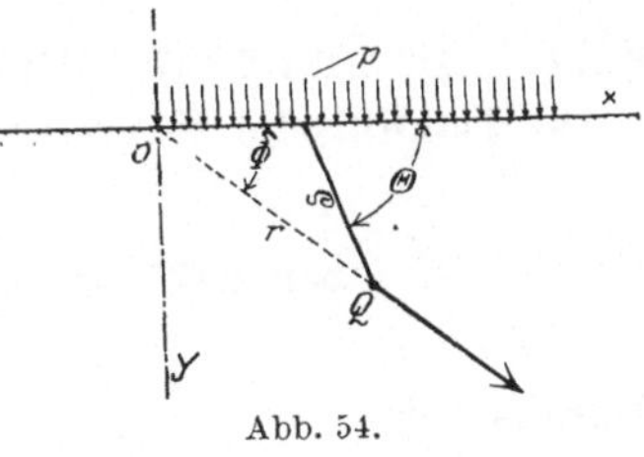

Abb. 54.

Die Spannung σ_r' an dem Punkte $Q(\Phi, r)$ in der Richtung Φ durch die Last $p\,dx$ ist

$$\sigma_r' = -\frac{2\sin\Theta\,p\,dx}{\pi\varrho}\cos^2(\Theta - \Phi).$$

Die gesamte Spannung an dem Punkt Q in der Richtung Φ ist danach

$$\sigma_r = -\frac{2p}{n}\int\frac{\sin\Theta\cos^2(\Theta - \Phi)\,dx}{r}$$

Weil

$$\sin\Theta\,dx = \varrho\,d\Theta \quad \text{oder} \quad dx = \frac{\varrho\,d\Theta}{\sin\Theta}$$

ist, so ist

$$\sigma_r = -\frac{2p}{\pi}\int_\Phi^\pi\cos^2(\Theta - \Phi)\,d\Theta = -\frac{p}{\pi}\{-\sin(\pi - \Phi)\cos(\pi - \Phi) + (\pi - \Phi)\}$$

$$= -\frac{p}{\pi}\{-\sin\Phi\cos\Phi + (\pi - \Phi)\}.$$

In derselben Weise

$$\left.\begin{aligned}
\sigma_t &= -\frac{2p}{\pi}\int_\Phi^\pi\sin^2(\Theta - \Phi)\,d\Theta = -\frac{p}{\pi}[\sin\Phi\cos\Phi + (\pi - \Phi)]\\[2mm]
\tau &= -\frac{2p}{\pi}\int_\Phi^\pi\sin(\Theta - \Phi)\cos(\Theta - \Phi)\,d\Theta = \frac{p}{2\pi}(\cos 2\Phi - 1).
\end{aligned}\right\} \quad (21)$$

Auf der andern Seite

$$\sigma_y = -\frac{2p}{\pi}\int\frac{\sin^3\Theta}{\varrho}\,dx = -\frac{2p}{\pi}\int_\Phi^\pi\sin^2\Theta\,d\Theta,$$

$$\sigma_x = -\frac{2p}{\pi}\int\frac{\cos^2\Theta\sin\Theta}{\varrho}\,dx = -\frac{2p}{\pi}\int_\Phi^\pi\cos^2\Theta\,d\Theta,$$

$$\tau_{zy} = -\frac{2p}{\pi}\int\frac{\sin^2\Theta\cos\Theta}{\varrho}\,dx = -\frac{2p}{\pi}\int_\Phi^\pi\sin\Theta\cos\Theta\,d\Theta,$$

woraus folgt: $\sigma_r = \sigma_x$, $\sigma = \sigma_y$ und $\tau = \tau_{zy}$.

Wir haben hier zwei wichtige Resultate:

1. Die Spannung bleibt konstant entlang den von dem Anfangspunkt ausstrahlenden Richtungen.

2. Die Spannungsgruppe σ_r, σ_t und τ gleicht der Gruppe σ_x, σ_y und τ_{xy} an jedem Punkte.

§ 24. Spannungskurven der Halbscheibe, gleichmäßig belastet.

a) Isoklinische Kurven. Die Neigung der Hauptspannungen ist

$$\tan 2\,\Phi_1 = \frac{2\,\tau_{xy}}{\sigma_y - \sigma_x} = \frac{\dfrac{2\,p}{2\,\pi}(\cos 2\,\Phi - 1)}{\dfrac{p}{\pi}(\sin 2\,\Phi)} = \tan\Phi,$$

Daraus folgt:

$$\Phi_1 = \frac{\Phi}{2},$$

$$\Phi_2 = \frac{\Phi}{2} \pm \frac{\pi}{4}.$$

Wir können diese Richtungen graphisch sehr leicht erhalten. In der Abb. 55 ist O der Anfangspunkt und Q der beliebige Punkt, in dem wir die Richtungen der Haupt- und Hauptschubspannungen untersuchen. Man zeichne einen Kreis mit dem Anfangspunkt O und mit dem Radius OQ. Der Kreis schneidet die lotrechten und wagerechten Geraden in C, D und A, B. Man verbinde A und B mit Q und C und D mit Q, dann sind AQ und BQ die Richtungen der

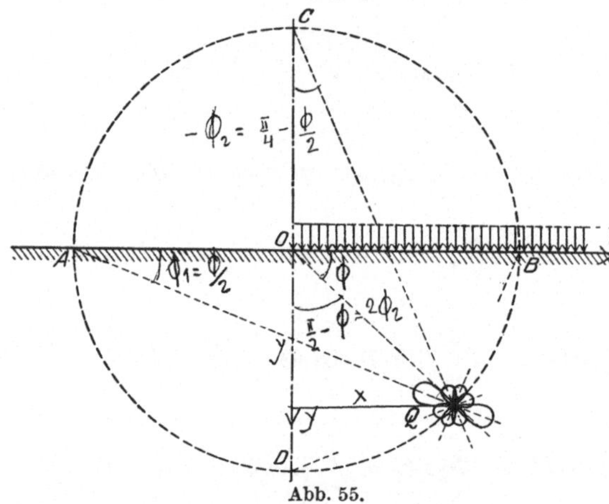

Abb. 55.

Hauptspannung und CQ und DQ diejenigen der Hauptschubspannung.

Ferner ist die isoklinische Kurve:

$$\tan 2\,\Phi_2 = \frac{x}{y} \tag{22}$$

oder

$$\frac{2\dfrac{dy}{dx}}{1 - \left(\dfrac{dy}{dx}\right)^2} = \frac{x}{y}.$$

Die Differentialgleichung ist in diesem Falle lösbar. Man setze $\dfrac{y}{x} = t$ in die Gleichung, so erhält man:

$$\frac{dy}{dx} = t \pm \sqrt{t^2 + 1} = f(t)$$

$$y = x t, \qquad y' = t + x t' = f(t)$$

$$\frac{dt}{dx} = \frac{f(t) - t}{x}$$

Daraus folgt:

$$\int \frac{dt}{f(t) - t} = \int \frac{dt}{x} \, .$$

In diesem Falle

$$\int \frac{dx}{x} = \log x - \log c = \int \frac{dt}{\sqrt{1 + t^2} + t - t}$$

$$= \int \frac{dt}{\sqrt{1 + t^2}} = \log \left(t + \sqrt{1 + t^2} \right)$$

oder

$$\frac{x}{c} = \left(t + \sqrt{1 + t^2} \right) = \frac{y}{x} + \sqrt{1 + \frac{y^2}{x^2}}$$

$$\frac{x^2}{c} = y + \sqrt{x^2 + y^2} \, ; \qquad x^2 + y^2 = \frac{x^4}{c^2} - 2 \frac{x^2 y}{c} + y^2$$

$$x^2 - \frac{x^4}{c^2} + 2 \frac{x^2 y}{c} = 0$$

oder

$$\frac{2 x^2}{c} \left(y + \frac{c}{2} - \frac{x^2}{2c} \right) = 0$$

$$y = \frac{x^2}{2c} - \frac{c}{2} \, . \tag{23}$$

Diese Gl. (23) der Parabel des zweiten Grades mit dem Parameter $2c$ ist nämlich die Gleichung der Hauptschubspannungstrajektorien (s. Abb. 56).

Die Trajektorien zeichnet man am besten mit Hilfe der isoklinischen Kurven.

b) Hauptschubspannungskurven. Wir bezeichnen die Hauptspannungen mit σ_1 und σ_2, die Hauptschubspannungen mit τ_{12}, so ist bekanntlich

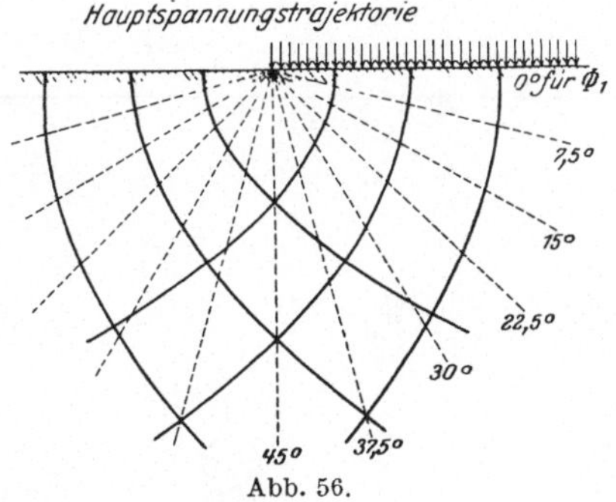

Abb. 56.

$$\sigma_1 - \sigma_2 = 2 \tau_{12} = \pm \sqrt{(\sigma x - \sigma y)^2 + 4 \tau^2}$$

oder in diesem Falle

$$= \pm \frac{p}{\pi} \sqrt{\sin^2 2 \Phi + 4 \sin^4 \Phi}$$

$$= \pm 2 \sin \Phi \frac{p}{\pi} \, .$$

Wenn $\tau_{12} = n \cdot \dfrac{p}{\pi}$ gesetzt wird, so erhält man

$$n = \pm \sin \Phi = \pm \frac{y}{\sqrt{x^2 + y^2}}$$

oder

$$y = \frac{n}{\sqrt{1 - n^2}} \, x \, . \, = x \, tg \, \Phi \tag{24}$$

Dies ist die Gleichung der Geraden durch den Anfangspunkt O. Abb. 57 zeigt die Hauptschubspannungskurven. Infolge (24)

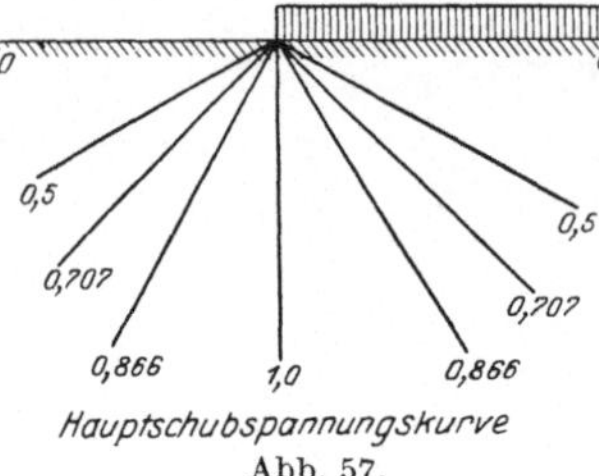

Abb. 57.

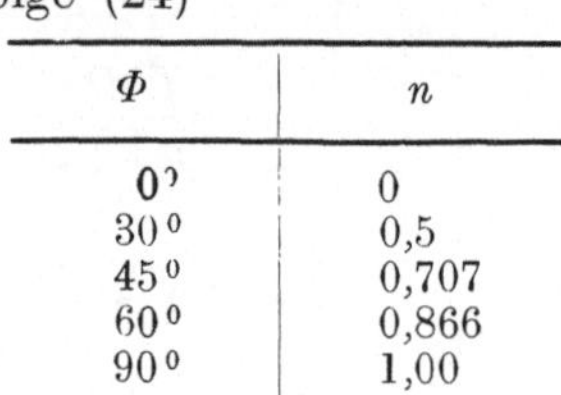

Φ	n
0^{0}	0
30^{0}	0,5
45^{0}	0,707
60^{0}	0,866
90^{0}	1,00

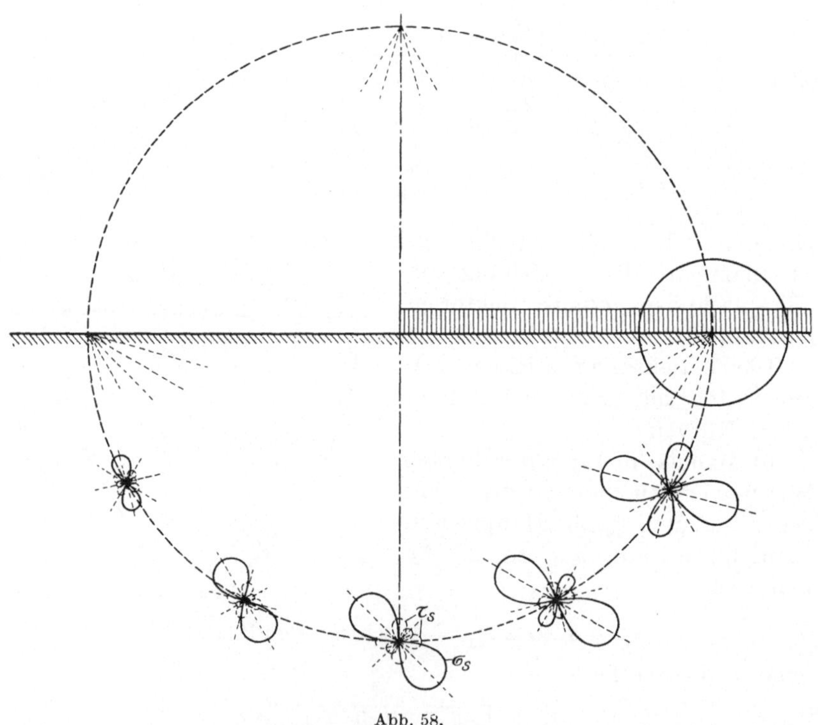

Abb. 58.

Die Abb. 58 zeigt den ganzen Spannungsverlauf in den verschiedenen Punkten nach „Lorenz".

§ 25. Keilförmige Träger, gleichmäßig belastet.

Nach der vorhergehenden Überlegung können wir sehr wohl annehmen, daß die Spannungsgleichungen oder im allgemeinen die Airysche Funktion für keilförmige Träger mit gleichmäßiger Belastung eine ähnliche Form hat wie in dem Falle der Halbscheibe. Die Spannungsgleichungen bestehen voraussichtlich aus den Gliedern von $\sin 2\,\Phi$, $\cos 2\,\Phi$, Φ, r und der Konstanten.

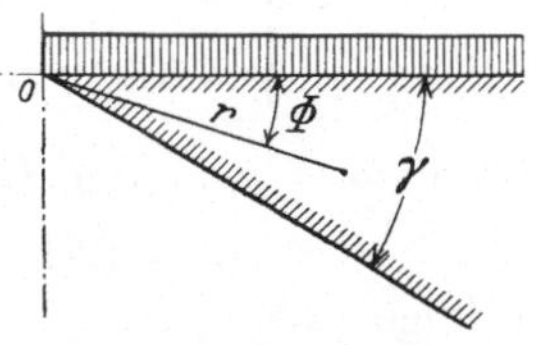

Abb. 59.

Die angenommene Spannungsfunktion ist daher:

$$F = R_0 + R_1 \sin 2\,\Phi + R_2 \cos 2\,\Phi + R_3\,\Phi \qquad (25)^1$$

R_0, R_1, R_2 und R_3 sind dabei reine Funktionen von r und haben die folgenden Formen[2]:

$$\left.\begin{aligned}
R_0 &= A_0\,r^2 \log r + B_0\,r^2 + C_0 \log r \\[4pt]
R_1 &= A_1\,r^2 + \frac{B_1}{r^2} + C_1\,r^4 + D_1 \\[4pt]
R_2 &= A_2\,r^2 + \frac{B_2}{r^2} + C_2\,r^4 + D_2 \\[4pt]
R_3 &= A_3\,r^2 \log r + B_3\,r^2 + C_3 \log r + D_3
\end{aligned}\right\} \qquad (26)$$

wo A, B, C die Integrationskonstanten sind.

Weil es in den Spannungsgleichungen kein Glied von r gibt, so ist klar, daß nur das Glied des zweiten Grades von r in der Spannungsfunktion (25) Bedeutung hat. Daraus folgt:

$$F = A\,r^2 + B\,r^2 \sin 2\,\Phi + C\,r^2 \cos 2\,\Phi + D\,r^2\,\Phi. \qquad (25')$$

Dabei sind die Konstanten A, B und C nach der Randbedingung wie folgt zu bestimmen:

$$\sigma_r = \frac{1}{r}\,\frac{\partial F}{\partial r} + \frac{1}{r^2}\,\frac{\partial^2 F}{\partial \Phi^2} = 2\,A + 2\,B \sin 2\,\Phi + 2\,C \cos 2\,\Phi$$
$$- 4\,B \sin 2\,\Phi - 4\,C \cos 2\,\Phi + 2\,D\cdot\Phi$$

oder

$$\sigma_r = 2\,A - 2\,B \sin 2\,\Phi - 2\,C \cos 2\,\Phi + 2\,D\cdot\Phi.$$

Ferner

$$\left.\begin{aligned}
\sigma_t &= \frac{\partial^2 F}{\partial r^2} = 2\,A + 2\,B \sin 2\,\Phi + 2\,C \cos 2\,\Phi + 2\,D\cdot\Phi \\[6pt]
\tau &= -\frac{\partial}{\partial r}\left(\frac{1}{r}\,\frac{\partial F}{\partial \Phi}\right) = -2\,B \cos 2\,\Phi + 2\,C \sin 2\,\Phi - D.
\end{aligned}\right\} \qquad (27)$$

---

[1] Für Halbscheiben ist die Airysche Funktion:

$$F = -\frac{P}{\pi}\sin 2\,\Phi\,\frac{r^2}{4} + \frac{P\,r^2}{2} - \frac{P\Phi}{\pi}\,\frac{r^2}{2}$$

[2] Die Ableitung der Funktionen $R_0 \to R_2$ s. Lorenz: „Technische Elektrizitätslehre", S. 529 ff.

Wenn $\Phi = 0$ gesetzt wird, so ist $\sigma_t = -p$ und $\tau = 0$.

Daraus folgt:

$$\text{für} \quad \begin{cases} \sigma_t: \; 2\,A + 2\,C = -\,p \quad \text{oder} \quad A = -\,\frac{p}{2} - C \\[2mm] \tau: \; -\,2\,B = D\,. \end{cases} \tag{28}$$

Wenn $\Phi = \gamma$ in der Gleichung gesetzt wird, so erhalten wir:

$$\sigma_t = 2\,A + 2\,B \sin 2\,\gamma + 2\,C \cos 2\,\gamma + 2\,D\cdot\gamma\,.$$

Infolge (28)

$$= -\,p - 2\,C + 2\,B \sin 2\,\gamma + 2\,C \cos 2\,\gamma - 4\,B\,\gamma$$

$$= -\,p - 4\,C \sin^2\gamma + 2\,B\,(\sin 2\,\gamma - 2\,\gamma)\,.$$

Diese Spannung muß Null sein.

Daraus folgt:

$$4 \sin^2\gamma \; C + 2\,(2\,\gamma - \sin 2\,\gamma)\,B + p = 0\,. \tag{29}$$

Wenn in der letzten der Gl. (27) $\Phi = \gamma$ gesetzt wird, erhalten wir

$$\tau = -\,2\,B \cos 2\,\gamma + 2\,C \sin 2\,\gamma - D\,.$$

Infolge (28)

$$= -\,2\,B \cos 2\,\gamma + 2\,C \sin 2\,\gamma + 2\,B\,.$$

Weil diese Spannung Null sein muß, erhalten wir die folgende Gleichung:

$$2 \sin^2\gamma \; B + C \sin 2\,\gamma = 0\,. \tag{30}$$

Infolge (29) und (30) erhalten wir

$$B = -\,\frac{p \sin 2\,\gamma}{2 \sin 2\,\gamma\,(2\,\gamma - \sin 2\,\gamma) - 8 \sin 4\,\gamma}$$

$$= -\,\frac{p \cos \gamma}{2 \cos \gamma\,(2\,\gamma - \sin 2\,\gamma) - 4 \sin^3\gamma}$$

$$= -\,\frac{p \cos \gamma}{4\,(\gamma \cos \gamma - \sin \gamma)} = -\,\frac{p \cos \gamma}{4\,K}\,,$$

wo $K = (\gamma \cos \gamma - \sin \gamma)$ ist.

$$C = \frac{p \sin \gamma}{4\,K}\,. \tag{31}$$

Infolge (28)

$$\left.\begin{aligned} A &= -\,\frac{p}{2}\left(\frac{\sin \gamma}{2\,K} + 1\right), \\[2mm] D &= +\,\frac{p \cos \gamma}{2\,K}\,. \end{aligned}\right\} \tag{31'}$$

Wir haben jetzt die Spannungsfunktion vollkommen gelöst:

$$F = -\,\frac{p}{2}\left(\frac{\sin \gamma}{2\,K} + 1\right)\gamma^2 - \frac{p \cos \gamma}{4\,K}\,r^2 \sin 2\,\Phi + \frac{p \sin \gamma}{4\,K}\,r^2 \cos 2\,\Phi$$

$$+ \frac{p \cos \gamma}{2\,K}\cdot r^2\,\Phi\,. \tag{32}$$

Daraus folgt:

$$
\left.
\begin{aligned}
\sigma_r &= -p\left(\frac{\sin\gamma}{2\,K}+1\right)+p\,\frac{\cos r}{2\,K}\sin 2\,\varPhi-\frac{p\sin\gamma}{2\,K}\cos 2\,\varPhi+\\
&\qquad +\frac{p\cos\gamma}{K}\,\varPhi\\
\sigma_t &= -p\left(\frac{\sin\gamma}{2\,K}+1\right)-p\,\frac{\cos\gamma}{2\,K}\sin 2\,\varPhi+\frac{p\sin\gamma}{2\,K}\cos 2\,\varPhi+\\
&\qquad +\frac{p\cos\gamma}{K}\,\varPhi\\
\tau &= p\,\frac{\cos\gamma}{2\,K}\cos 2\,\varPhi+\frac{p\sin\gamma}{2\,K}\sin 2\,\varPhi-p\,\frac{\cos\gamma}{2\,K}.
\end{aligned}
\right\} \tag{33}
$$

Diese Gleichungen stimmen natürlich mit den Gl. (21) überein, wenn darin $\gamma=\pi$ gesetzt wird. Denn weil K in diesem Falle $-\pi$ ist, so ist:

$$
\begin{aligned}
\sigma_r &= -p+\frac{p}{2\,\pi}\sin 2\,\varPhi+\frac{p}{\pi}\,\varPhi = -\frac{p}{\pi}\left[(\pi-\varPhi)-\frac{\sin 2\,\varPhi}{2}\right]\\
\sigma_t &= -p-\frac{p}{2\,\pi}\sin 2\,\varPhi+\frac{p}{\pi}\,\varPhi = -\frac{p}{\pi}\left[(\pi-\varPhi)+\frac{\sin 2\,\varPhi}{2}\right]\\
\tau &= \frac{p}{2\,\pi}\cos 2\,\varPhi-\frac{p}{2\,\pi} \qquad\qquad = \frac{p}{2\,\pi}\left[\cos 2\,\varPhi-1\right].
\end{aligned}
$$

Zur Berechnung wollen wir bequemlichkeitshalber in den Gleichungen folgende zwei Konstanten einführen, nämlich:

$$
\left.
\begin{aligned}
C_K &= -\frac{\cos\gamma}{2\,(\gamma\cos\gamma-\sin\gamma)}=-\frac{\cos\gamma}{2\,K}=-\frac{1}{2\,(\gamma-\tan\gamma)},\\
S_K &= -\frac{\sin\gamma}{2\,(\gamma\cos\gamma-\sin\gamma)}=-\frac{\sin\gamma}{2\,K}=-\frac{1}{2\,(\gamma\cot\gamma-1)}.
\end{aligned}
\right\} \tag{34}
$$

Daraus folgt:

$$
\left.
\begin{aligned}
\sigma_r &= p\left[(S_K-1)-C_K\sin 2\,\varPhi+S_K\cos 2\,\varPhi-2\,C_K\,\varPhi\right],\\
\sigma_t &= p\left[(S_K-1)+C_K\sin 2\,\varPhi-S_K\cos 2\,\varPhi-2\,C_K\,\varPhi\right],\\
\tau &= p\left[C_K(1-\cos 2\,\varPhi)-S_K\sin 2\,\varPhi\right],\\
&= -2\,p\sin\varPhi\,(S_K\cos\varPhi-C_K\sin\varPhi).
\end{aligned}
\right\} \tag{35}
$$

Wenn in den Gleichungen $\gamma=\dfrac{\pi}{2}$ gesetzt wird, so erhalten wir das Problem der Viertelscheibe. Weil in diesem Falle $C_K=0$, $S_K=\tfrac{1}{2}$ ist, so ist:

$$
\left.
\begin{aligned}
\sigma_r &= p\left(-\frac{1}{2}+\frac{\cos 2\,\varPhi}{2}\right)=-\frac{p}{2}(1-\cos 2\,\varPhi),\\
\sigma_t &= -\frac{p}{2}(1+\cos 2\,\varPhi),\\
\tau &= -\frac{p}{2}\sin 2\,\varPhi.
\end{aligned}
\right\} \tag{36}
$$

Abb. 60 und Tabelle 5 zeigen die Änderung der Spannungen σ_r, σ_t und τ für verschiedene Keilwinkel.

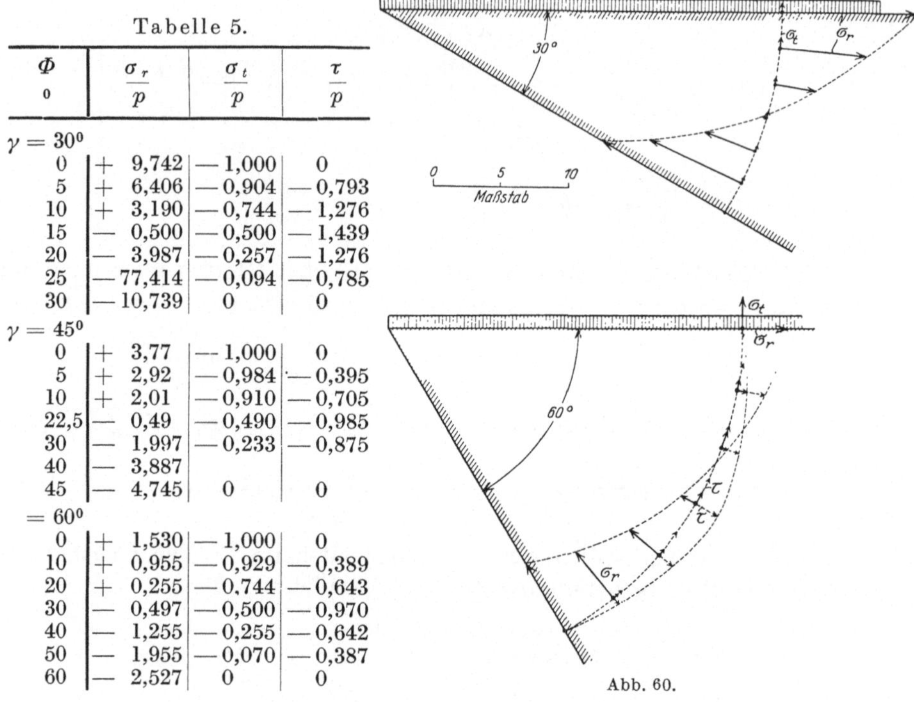

Abb. 60.

Tabelle 5.

Φ 0	$\dfrac{\sigma_r}{p}$	$\dfrac{\sigma_t}{p}$	$\dfrac{\tau}{p}$
$\gamma = 30^0$			
0	$+$ 9,742	$-$ 1,000	0
5	$+$ 6,406	$-$ 0,904	$-$ 0,793
10	$+$ 3,190	$-$ 0,744	$-$ 1,276
15	$-$ 0,500	$-$ 0,500	$-$ 1,439
20	$-$ 3,987	$-$ 0,257	$-$ 1,276
25	$-$ 77,414	$-$ 0,094	$-$ 0,785
30	$-$ 10,739	0	0
$\gamma = 45^0$			
0	$+$ 3,77	$-$ 1,000	0
5	$+$ 2,92	$-$ 0,984	$-$ 0,395
10	$+$ 2,01	$-$ 0,910	$-$ 0,705
22,5	$-$ 0,49	$-$ 0,490	$-$ 0,985
30	$-$ 1,997	$-$ 0,233	$-$ 0,875
40	$-$ 3,887		
45	$-$ 4,745	0	0
$= 60^0$			
0	$+$ 1,530	$-$ 1,000	0
10	$+$ 0,955	$-$ 0,929	$-$ 0,389
20	$+$ 0,255	$-$ 0,744	$-$ 0,643
30	$-$ 0,497	$-$ 0,500	$-$ 0,970
40	$-$ 1,255	$-$ 0,255	$-$ 0,642
50	$-$ 1,955	$-$ 0,070	$-$ 0,387
60	$-$ 2,527	0	0

§ 26. Spannungskurven keilförmiger Träger, gleichmäßig belastet.

a) Isoklinische Kurven.

$$
\begin{aligned}
\tan 2\,\Phi_1 &= \frac{2\,\tau}{\sigma_t - \sigma_r} \\[2mm]
&= -\frac{2\,[C_K\,(\cos 2\,\Phi - 1) + S_K \sin 2\,\Phi]}{2\,C_K \sin 2\,\Phi - 2\,S_K \cos 2\,\Phi} \\[2mm]
&= \frac{\tan \gamma \sin 2\,\Phi + (\cos 2\,\Phi - 1)}{\tan \gamma \cos 2\,\Phi - \sin 2\,\Phi}
\end{aligned}
\qquad (37)
$$

Man setze ferner $\Phi'_1 = \Phi - \Phi_1$, wo Φ_1 der Neigungswinkel zur Richtung Φ und Φ'_1 der zur Horizontalachse sind. Die isoklinischen Kurven sind die durch den Anfangspunkt ausstrahlenden Geraden. Wir wollen dies im nächsten Paragraphen für speziale Fälle näher betrachten.

b) Hauptschubspannungskurven.

$$2\,\tau_{12} = \pm\ \sqrt{(\sigma_x - \sigma_y)^2 + 4\,\tau^2}$$

$$= \pm\ p\ \sqrt{2^2(S_K\cos 2\varPhi - C_K\sin 2\varPhi)^2 + 2^2[C_K(1 - \cos 2\varPhi) - S_K\sin 2\varPhi]^2}\,,$$

$$\tau_{12}^2 = p^2\,[S_K^2\cos^2 2\varPhi + C_K^2\sin^2 2\varPhi - 2\,C_K S_K\cos 2\varPhi\sin 2\varPhi$$

$$+\ C_K^2\cos^2 2\varPhi + C_K S_K\cos 2\varPhi\sin 2\varPhi - C_K^2\cos 2\varPhi + S_K C_K\cos 2\varPhi\sin 2\varPhi$$

$$+\ S_K^2\sin^2 2\varPhi - C_K S_K\sin 2\varPhi - C_K^2\cos 2\varPhi - C_K S_K\sin 2\varPhi + C_K^2]$$

$$= p^2\,[(S_K^2 - 2\,C_K S_K\sin 2\varPhi) + 2\,C_K^2(1 - \cos 2\varPhi)]\,. \qquad (38)$$

Wenn in der Gl. (38) $\tau_{12} = np$ gesetzt wird, so ist

$$\frac{n^2 - S_K^2}{4} = C_K^2\sin^2\varPhi - C_K S_K\sin\varPhi\cos\varPhi\,,$$

$$\frac{n^2 - S_K^2}{4\,C_K^2} = (\sin\varPhi - \tan\gamma\cos\varPhi)\sin\varPhi = M\,,$$

$$M = \frac{y^2 + xy\tan\gamma}{x^2 + y^2}$$

oder

$$M\,x^2 + \tan\gamma\,xy + (M - 1)y^2 = 0\,. \qquad (38')$$

Dies ist die Gleichung des Geradenpaares, wenn $M \leqq 1$ oder $n \leqq \sqrt{4\,C_K^2 + S_K^2}$ ist, und wenn $n > \sqrt{4\,C_K^2 + S_K^2}$ ist, ist der Fall imaginär.

§ 27. Beispiele für Spannungskurven keilförmiger Träger, gleichmäßig belastet.

1. Viertelscheibe, gleichmäßig belastet.

a) Isoklinische Kurven und Spannungstrajektorien.

$$\tan 2\,\varPhi_1 = \frac{2\,\tau}{\sigma_t - \sigma_r} = \tan 2\,\varPhi\,.$$

Daraus folgt:

$$\varPhi_1 = \varPhi\,; \quad \varPhi_1' = 0 \quad \text{und} \quad \varPhi_2' = 45^0\,.$$

Die isoklinischen Kurven sind die horizontalen Geraden. Die Hauptspannungstrajektorie ist ein Gitter aus den horizontalen und vertikalen Geraden. Die Hauptschubspannungstrajektorie ist ebenfalls ein Gitter aus den Geraden mit der Neigung 45^0 zur Hauptspannungstrajektorie. Die Trajektorien sind, wie erwartet, dieselben wie diejenigen bei der Halbscheibe mit gleichmäßiger Belastung (vgl. Abb. 62).

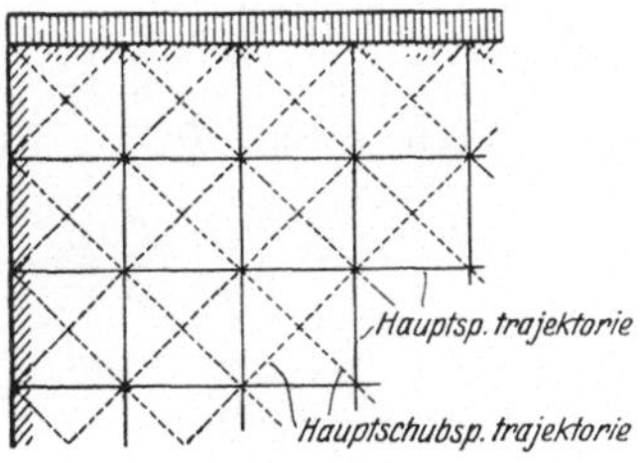

Abb. 62.

b) Hauptschubspannungskurven.

Infolge (36)

$$2\,\tau_{12} = \pm\, p\,\sqrt{\cos^2 2\,\Phi + \sin^2 2\,\Phi} = \pm\, p\,.$$

In diesem Falle gibt es keine Hauptschubspannungskurven. Das Glasstäbchen zwischen den Nikols sieht nämlich einfarbig aus.

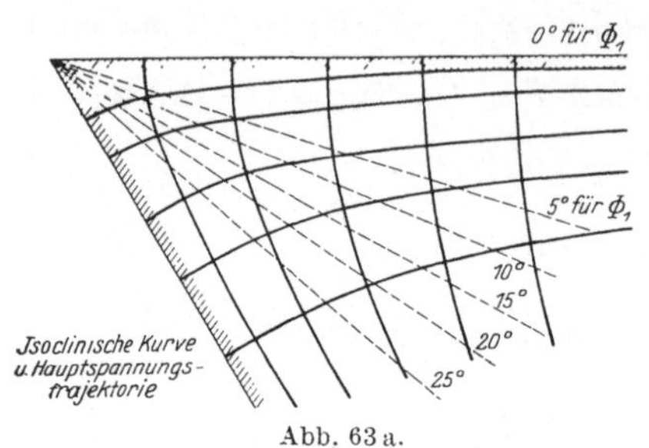

Abb. 63 a.

2. Keilförmige Träger mit beliebigem Keilwinkel. Hier wird nur der Fall, in dem $\gamma = 60^0$ ist, als Beispiel behandelt. Abb. 63a zeigt die Spannungskurven, und Abb. 63 b zeigt die Veränderung der Hauptschubspannungsgrößen und -richtungen.

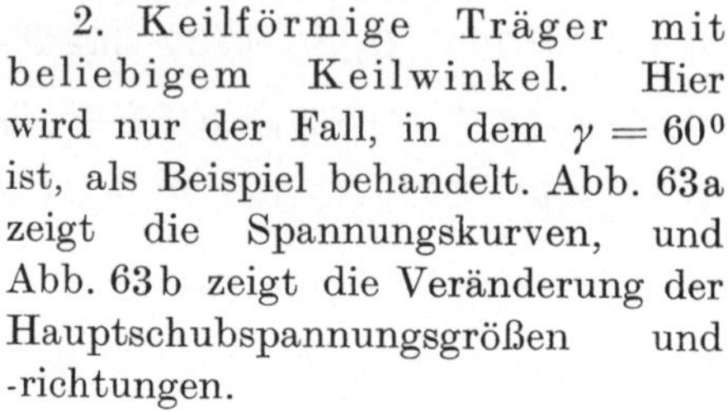

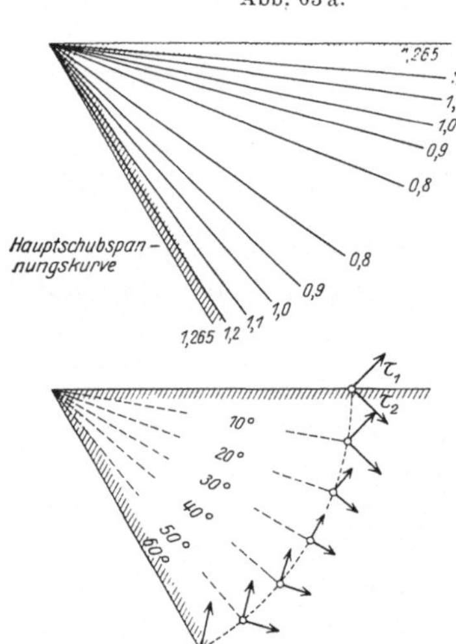

Abb. 63 b.

§ 28. Die größte Beanspruchung.

Wir wollen zunächst die Veränderung der Hauptschubspannungen betrachten.

Weil

$$\frac{d\,\tau_{12}^2}{d\,\Phi} = p^2\,(4\,C_K^2 \sin 2\,\Phi$$
$$- 4\,C_K\,S_K \cos 2\,\Phi) = 0$$

oder $\cos\gamma \sin 2\,\Phi - \sin\gamma \cos 2\,\Phi = 0$
$$\sin(2\,\Phi - \gamma) = 0\,.$$

$\Phi = \dfrac{\gamma}{2}$ ist, so ist die Hauptschubspannung Maximum oder Minimum an der Keilachse.

Ferner

$$\frac{d^2\,\tau_{12}^2}{d\,\Phi^2} = (8\,C_K^2 \cos 2\,\Phi$$
$$+ 8\,C_K\,S_K \sin 2\,\Phi)\,p^2$$
$$= 8\,C_K\,(C_K \cos 2\,\Phi + S_K \sin 2\,\Phi)\,p^2\,.$$

Man setze $\Phi = \dfrac{\gamma}{2}$ in der Gleichung, so erhält man

$$\frac{d^2\,\tau_{12}^2}{d\,\Phi^2} = -\frac{8\,C_K}{2\,K}(\cos\gamma \cos\gamma + \sin\gamma \sin\gamma)\,p^2$$

$$= -\frac{4\,C_K\,p^2}{K} = +\frac{2\cos\gamma\,p^2}{K^2}\,,$$

wo $K = (\gamma \cos\gamma - \sin\gamma)$ ist.

Daraus folgt: Wenn $0 < \gamma < 90^0$ ist, so ist die Hauptschubspannung an der Keilachse Minimum und wenn $90^0 < \gamma < 180^0$ ist, so ist sie Maximum. Die maximalen Hauptschubspannungen im Falle $0 < \gamma < 90^0$

kommen an den oberen und unteren Kanten vor und sind die Werte $\tau_{12} = S_K$.

Z. B. wenn $\gamma = 30^0$ ist, so ist $\tau_{12} = S_K = 5{,}371\,p$.

Daraus folgt die größte Beanspruchung $f = 10{,}742\,p$.

Wenn $\gamma = 45^0$ ist, so ist $\tau_{12} = S_K = 2{,}385\,p$. Daraus folgt $f = 4{,}77\,p$. Wenn man die Neigung der untern Kante vernachlässigt, und die maximale Spannung nach der gewöhnlichen Balkentheorie berechnet, so erhält man für $\gamma = 30^0$,

$$f = \frac{M}{W} = \frac{p\,l^2}{2} \cdot \frac{6}{l^2 \tan^2 30^0} = 9\,p$$

und für $\gamma = 45^0$, $f = \dfrac{3\,p}{\tan^2 45^0} = 3\,p$.

Abb. 64.

Man weiß danach, daß die Vernachlässigung nur für kleine Keilwinkel gestattet ist. Für $\gamma = 30^0$ ist der Unterschied über 10 %.

C. Abgestumpfte keilförmige Träger.

§ 29. Abgestumpfte keilförmige Träger.

In der Praxis kommen die abgestumpften keilförmigen Träger häufiger in Gebrauch als die gewöhnlichen keilförmigen Träger, z. B. bei Fundament, Schutzmauer usw. (s. Abb. 65!). Die Schwierigkeit der

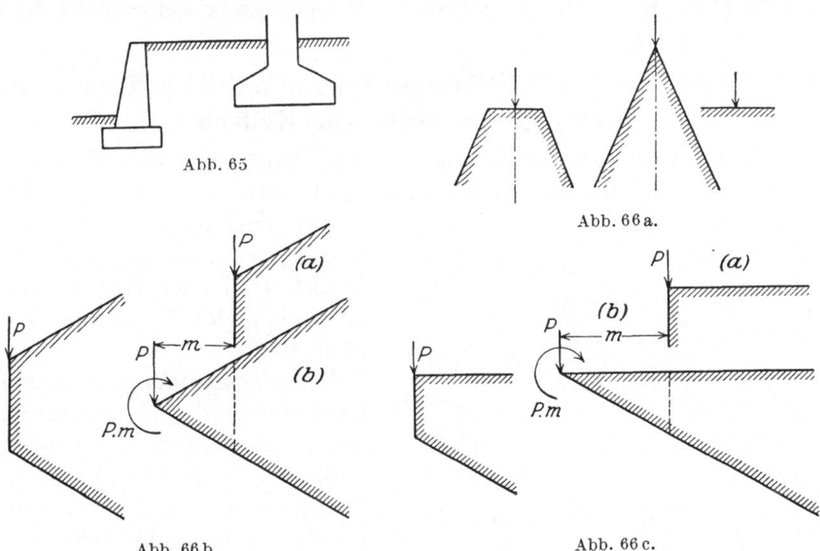

Abb. 65

Abb. 66 a.

Abb. 66 b.

Abb. 66 c.

Anpassung an die Randbedingung ermöglicht uns in diesem Falle leider nicht, das Problem mathematisch zu lösen. Aus Vorhergehendem können wir aber schon die ungefähre Spannungsverteilung abgestumpfter

5*

keilförmiger Träger vermuten. Wir betrachten zuerst den abgestumpften
Keil mit einer Last in der Richtung der Achse (Abb. 66a). Um die
Spannungsverteilung in diesem Falle zu ermitteln, kann man die vorher-
gehende Überlegung sehr wohl anwenden, außer in bezug auf das Gebiet
nahe der Last. Betreffend das Gebiet nahe der Last kann man sich wohl
denken, daß die Spannungsverteilung diejenige des Falls der Halbscheibe
ist und durch Gl. (1) ausgedrückt wird. Allerdings besteht dann die Spannungsverteilung aus dem Falle der Halbscheibe mit einer Last senkrecht zur Kante (Gl. (1)) und dem Falle des Keils mit einer Last in der
Richtung der Keilachse (§ 19 Gl. (14)). Wenn wir abgestumpfte Keile
mit einer Last in der Richtung senkrecht zur Achse betrachten (Abb. 66b),
können wir wohl voraussetzen, daß die Spannungsverteilung im Gebiet
nahe der Last dem Falle (2) in § 19 entspricht. Für den Fall weit von
der Last ist folgendes zu überlegen: Man nehme an die gegenseitig
sich aufhebenden und der Last parallelen Kräfte P an der Spitze des
Keils, so hat man den Fall (5) in § 19 des keilförmigen Trägers und den
Fall des Keils mit dem Moment Pm belastet, wo m der Abstand zwischen
den parallelen Kräften ist.

Wir können dieselbe Überlegung auch auf die Fälle abgestumpfter
keilförmiger Träger mit einer Last senkrecht zu einer Kante oder mit
gleichmäßiger Belastung anwenden. Im folgenden wollen wir die abgestumpften Keile mit verschiedener Belastungsart weiter betrachten.

§ 30. Abgestumpfte keilförmige Träger mit einer Last in der Richtung senkrecht zur Keilachse.

Wenn wir nur die Spannungsverteilung entfernt von der Last betrachten, so ist der Fall annähernd derselbe wie der Fall des keilför-

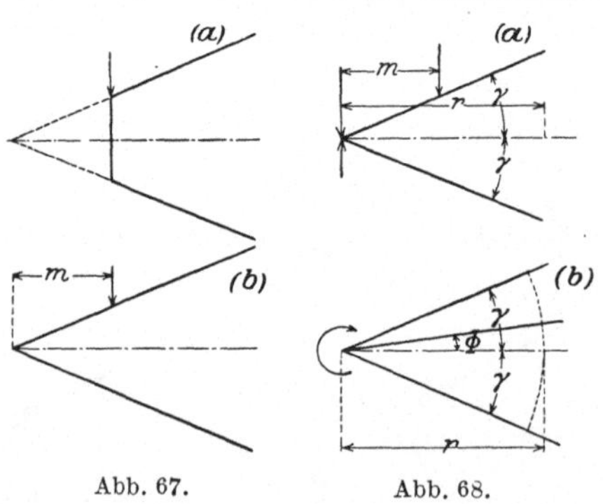

Abb. 67.   Abb. 68.

migen Trägers mit einer Last
senkrecht zur Keilachse an dem
Punkt A, dessen Horizontalabstand von der Keilspitze m ist
(Abb. 67b).

Um den Spannungszustand in
letzterem Fall zu untersuchen,
nehme man die sich gegenseitig
aufhebenden Kräfte P an der
Keilspitze an, wie im § 29 schon
erwähnt wurde (Abb. 68).

Der Belastungszustand des
Keils ist dann zurückzuführen auf folgende zwei Belastungszustände:

1. des keilförmigen Trägers mit einer nach unten gerichteten Kraft
an der Spitze,

2. desjenigen mit einem Moment Pm (im Drehungssinne des Uhrzeigers in unserem Falle).

Für den ersteren Zustand gilt Gl. (15) in § 19.

Den zweiten Zustand (Abb. 68b) betrachten wir in folgendem. Zunächst nehmen wir ganz allgemein folgende Spannungsfunktion an:

$$F = R_0 + R_1\,\Phi + R_2 \sin\Phi + R_3 \cos\Phi$$

$$+ \sum_{n=2}^{\infty} {}_nR_4 \sin n\,\Phi + \sum_{n=2}^{\infty} {}_nR_5 \cos n\,\Phi, \qquad (39)$$

wo $R_0 \ldots {}_nR_5$ die reinen Funktionen von r sind, und wie folgt ausgedrückt sind[1]:

$$
\left.
\begin{aligned}
R_0 &= A_0\,r^2 \log r + B_0\,r^2 + C_0 \log r + D_0\,, \\
R_1 &= A_1\,r^2 \log r + B_1\,r^2 + C_1 \log r + D_1\,, \\
R_2 &= A_2\,r \;\log r + B_2\,r^3 + C_2\,r \quad\;\; + \frac{D_2}{r}\,, \\
R_3 &= A_3\,r \;\log r + B_3\,r^3 + C_3\,r \quad\;\; + \frac{D_3}{r}\,, \\
{}_nR_4 &= {}_nA_4\,r^n \quad\;\; + {}_nB_4\,r^{-n} + {}_nC_4\,r^{2+n} + {}_nD_4\,r^{2-n}\,, \\
{}_nR_5 &= {}_nA_5\,r^n \quad\;\; + {}_nB_5\,r^{-n} + {}_nC_5\,r^{2+n} + {}_nD_5\,r^{2-n}\,,
\end{aligned}
\right\} \qquad (40)
$$

$$\text{für } n = 2 - \longrightarrow \infty$$

wo $A \ldots D$ die Konstanten abhängig von dem Keilwinkel und der Belastung sind.

Da $\sigma_t \left(= \dfrac{\partial^2 F}{\partial r^2} \right)$ Null ist, so kann man schließen, daß die Glieder, die nur den ersten Grad von r haben, und diejenigen, die kein r haben, in Betracht kommen. Danach kann man die Spannungsfunktion folgenderweise umschreiben:

$$F = A + B\,\Phi + C\cdot r \sin\Phi + D\cdot r\cdot\cos\Phi + E \sin 2\,\Phi + F \cos 2\,\Phi,$$

wo $A \ldots F$ die Konstanten abhängig von dem Keilwinkel und der Belastung sind. Ferner

$$\sigma_r = \frac{1}{r}\frac{\partial F}{\partial r} + \frac{1}{r^2}\frac{\partial^2 F}{\partial \Phi^2} = -\frac{4\,E \sin 2\,\Phi}{r^2} - \frac{4\,F \cos 2\,\Phi}{r^2}\,.$$

Weil für $\Phi = 0$, $\sigma_r = 0$ sein muß, ist F (der Faktor von $\cos 2\,\Phi$) $= 0$

und

$$\sigma_r = -\frac{4\,F \sin 2\,\Phi}{r^2}\,.$$

Auf der andern Seite ist

$$\tau = +\frac{\partial}{\partial r}\left(\frac{1}{r}\frac{\partial F}{\partial \Phi}\right) = \left[-\frac{B}{r^2} - 2\,E\frac{\cos 2\,\Phi}{r^2}\right].$$

Für $\Phi = \gamma$ muß $\tau = 0$ sein.

---

[1] Vgl. S. 61 und auch Lorenz: „Technische Elastizitätslehre" S. 529 ff.

Daraus folgt: $B = - 2\,E \cos 2\,\gamma$

und $\tau = - \dfrac{2\,E}{r^2}(\cos 2\,\Phi - \cos 2\,\gamma).$

Um die Konstante E zu bestimmen, sind die Momente um die Keilspitze zu summieren und als Null zu setzen.

$$M = 2 \cdot \frac{2\,E}{r^2} \int_0^{\gamma} (\cos 2\,\Phi - \cos 2\,\gamma)\, d\,\Phi\, r^2$$

$$= 4\,E\left(\frac{\sin 2\,\gamma}{2} - \cos 2\,\gamma \cdot \gamma\right).$$

Daraus folgt:
$$E = - \frac{M}{2\,(\cos 2_\gamma \cdot 2\,\gamma - \sin 2\,\gamma)},$$

   oder $E = - \dfrac{M}{2\,K_{(2\gamma)}}$,   wo $K_{(2\gamma)} = \cos 2\,\gamma \cdot 2\,\gamma - \sin 2\,\gamma$ ist.

Wir erhalten jetzt

$$\left.\begin{aligned}
\sigma_r &= \frac{2\,M \sin 2\,\Phi}{K_{(2\gamma)}\,r^2} \\[2mm]
\tau &= \frac{M}{K_{(2\gamma)}\,r^2}(\cos 2\,\Phi - \cos 2\,\gamma).
\end{aligned}\right\} \tag{41}$$

Von Gl. (15) und (41) erhalten wir für die Spannungen abgestumpfter
keilförmiger Träger die folgenden Gleichungen:

$$\left.\begin{aligned}
\sigma_r &= \frac{2\,P}{r \cdot s}\sin \Phi + \frac{2\,P\,m \sin 2\,\Phi}{K_{(2\gamma)}\,r^2} \\[2mm]
\tau &= \frac{m\,P}{K_{(2\gamma)}\,r^2}(\cos 2\,\Phi - \cos 2\,\gamma)
\end{aligned}\right\} \tag{42}$$

wo $S = 2\,\gamma - \sin 2\,\gamma.$

$$K_{(2\gamma)} = \cos 2\,\gamma \cdot 2\,\gamma - \sin 2\,\gamma \qquad\qquad \text{ist.}$$

Die Werte von $K_{(2\gamma)}$ sind aus der folgenden Tabelle zu erhalten.

$2\,\gamma$	10^0	15^0	20^0	25^0	30^0	35^0	40^0	45^0
$-K_{(2\gamma)}$	0,00182	0,00595	0,01404	0,0272	0,04656	0,07313	0,10805	0,15174

§ 31. Abgestumpfte keilförmige Träger mit einer Last in der Richtung senkrecht zu einer Kante.

Dieser Fall kommt in der Praxis oft vor (Abb. 69).

Durch Einführung der sich gegenseitig aufhebenden Kräfte P an
der Keilspitze erhalten wir, wie im vorhergehenden Paragraphen, die
folgenden zwei Belastungszustände:

1. den keilförmigen Träger mit einer Last senkrecht zu einer Kante
(den Fall (3) in § 19).

2. denjenigen mit dem Moment Pm im Drehungssinne des Uhrzeigers in unserem Falle.

Durch Superposition erhalten wir aus (13) und (41)

$$\left.\begin{aligned}
\sigma_r &= \frac{2P}{r}\left(-\frac{\sin\gamma\cos\Phi}{C}+\frac{\cos\gamma\sin\Phi}{S}\right)+\frac{2Pm\sin 2\Phi}{r^2\,K_{(2\gamma)}},\\[2mm]
\tau &= \frac{Pm}{K_{(2\gamma)}\,r^2}(\cos 2\Phi-\cos 2\gamma,
\end{aligned}\right\} \tag{43}$$

wo
$$\left.\begin{aligned}
C &= 2\gamma+\sin 2\gamma,\\
S &= 2\gamma-\sin 2\gamma,\\
K_{(2\gamma)} &= \cos 2\gamma\cdot 2\gamma-\sin 2\gamma.
\end{aligned}\right\} \quad\text{ist.}$$

Für $\quad\Phi=-\gamma\quad$ ist

$$\sigma_r=-\frac{P}{r}\left(\frac{\sin 2\gamma}{C}+\frac{\sin 2\gamma}{S}\right)-\frac{2Pm\sin 2\gamma}{r^2\,K_{(2\gamma)}}.$$

Der größte Wert von σ_r wird ermittelt durch Ansetzung des ersten Differentials dieser Gleichung nach r als Null. Daraus folgt:

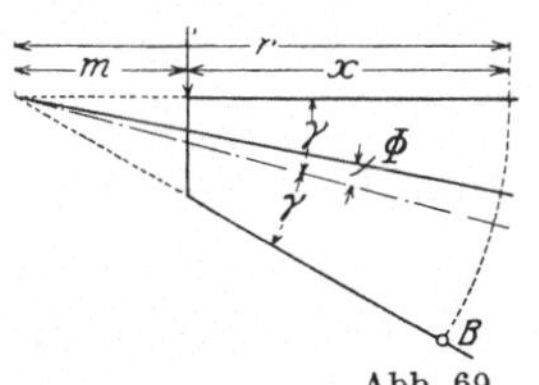
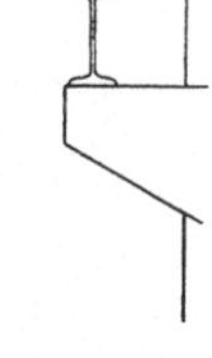

$$r=-\frac{4m}{\left(\dfrac{1}{C}+\dfrac{1}{S}\right)K_{(2\gamma)}}.$$

Für $\quad 2\gamma=30^0\quad r=1{,}945\,m.$

Abb. 69.

Als Beispiel nehmen wir an, daß erstens $2\gamma=15^0$, und zweitens $2\gamma=30^0$ seien, und daß $r=2m$ und $m=1$ sei, so ist σ_r an dem Punkt B für $2\gamma=15^0$ (Abb. 70)

$$=\frac{2P}{r}\left(-\frac{\sin 2\gamma}{2\,C}-\frac{\sin 2\gamma}{2\,S}\right)-\frac{2Pm\sin 2\gamma}{r^2\,K_{(2\gamma)}}$$

$$=\frac{P}{2}\left(-\frac{1}{0{,}5206}-\frac{1}{0{,}0029}+\frac{1}{0{,}00595}\right)0{,}25882$$

$$=-23{,}098\,P.$$

Abb. 70.

Wenn man einen Kragträger mit der Höhe $A'B$ annimmt, so erhält man

$$\sigma_{\max}=\frac{6\,M}{A'B^2},$$

wo
$$\begin{aligned}
A'B &= r\sin 2\gamma=2\cdot 0{,}2588=0{,}5176,\\
M &= (r\cos 2\gamma-m)\,P\\
&= (2\cdot 0{,}9659-1)\,P=0{,}9319\,P
\end{aligned}\qquad\text{ist.}$$

Daraus folgt:

$$\sigma_{\max}=\frac{6\cdot P\,0{,}9319}{0{,}5176^2}=20{,}85\,P.$$

σ_r an dem Punkt B für $2\gamma=30^0$

$$=\frac{P}{2}\left(-\frac{1}{C}-\frac{1}{S}-\frac{1}{K_{(2\gamma)}}\right)\sin 2\gamma$$

$$=P\left(-\frac{1}{1{,}024}-\frac{1}{0{,}0232}-\frac{1}{-0{,}04656}\right)\frac{0{,}5}{2}$$

$$=-5{,}644\,P.$$

Wenn man einen Kragträger mit der Höhe $A'B$ annimmt, so erhält man

$$\sigma_{max} = \frac{6\,M}{A'B^2},$$

wo $\qquad\qquad A'B = r\sin 2\,\gamma = 1,$

$$M = P\,(r\cos 2\,\gamma - m) = \left(\frac{2\sqrt{3}}{2} - 1\right)P$$

$$= 0{,}732\,P \qquad\qquad\text{ist.}$$

Daraus folgt:

$$\sigma_{max} = 6\cdot 0{,}732\,P = 4{,}392\,P\,.$$

In diesem letzten Falle ist der Unterschied zwischen beiden Berechnungsweisen so groß, daß man die gewöhnliche Voraussetzung hierzu nicht mehr gestatten darf. Es ist klar, daß die Abweichung der Spannungen desto größer wird, je größer der Keilwinkel wird.

§ 32. Isoklinische Kurven und Spannungstrajektorien abgestumpfter keilförmiger Träger mit einer Last.

Man kann die isoklinischen Kurven nach oben beschriebener Methode zeichnen. Z. B. im Falle 1 in der Abb. 71 kann man die Kurven nach dem Falle (3) in § 19 und nach § 31 zeichnen; d. h. nahe der Last ist der Fall der von $\gamma = 45^0$ in § 19, und weit von dieser der von $\gamma = 15^0$ in § 31 usw., und die Kurven im Zwischengebiet kann man wohl

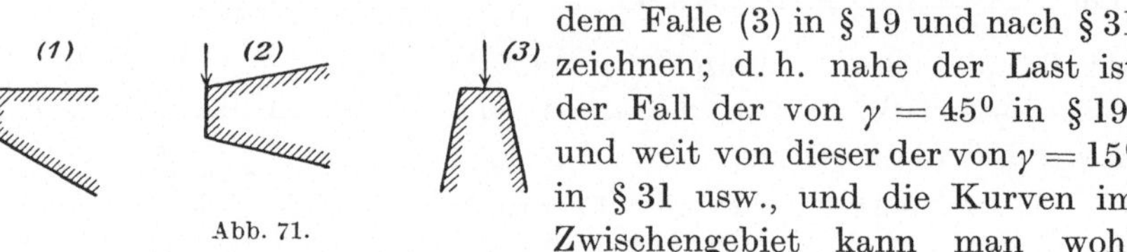

Abb. 71.

andeutungsweise zeichnen (vgl. Abb. 74b).

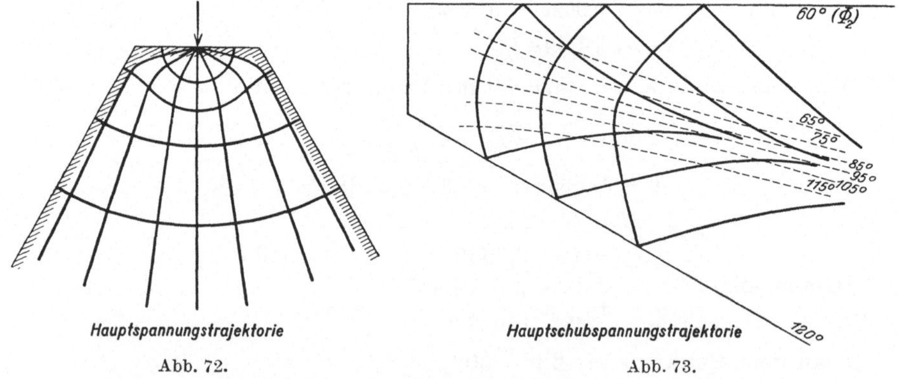

Abb. 72.   Abb. 73.

In derselben Weise werden der Fall 2 aus den Fällen (3) in § 19 und in § 30, und der Fall 3 aus dem Falle (4) in § 19 ermittelt wie die Abb. 72 und 73 zeigen, in denen die Spannungstrajektorien mittels isoklinischer Kurven gezeichnet sind.

§ 33. Hauptschubspannungskurven abgestumpfter keilförmiger Träger mit einer Last.

Wir betrachten hier als Beispiel nur einen abgestumpften keilförmigen Träger mit einer Last in der Richtung senkrecht zu einer Kante. Die Kurven nahe der Last kennt man schon nach § 19.

Infolge Gl. (12)

$$\sigma_r = \frac{P\sqrt{2}}{r}\left(\frac{\sin\Phi}{\frac{\pi}{2}-1} - \frac{\cos\Phi}{\frac{\pi}{2}+1}\right).$$

Daraus folgt:

$$2\,\tau_{12} = \frac{P\sqrt{2}}{r}\left(\frac{\sin\Phi}{0,5708} - \frac{\cos\Phi}{2,5708}\right)$$

$$= \frac{P}{r}\,(2,475\sin\Phi - 0,548\cos\Phi). \tag{44}$$

Diese Gleichung gilt für das Gebiet nahe der Last.

Weit von dieser kann man sie infolge (43) folgendermaßen ermitteln:

$$2\,\tau_{12} = \pm\sqrt{\left[\frac{2P}{r}\left(-\frac{\sin\gamma\cos\Phi}{C} + \frac{\cos\gamma\sin\Phi}{S}\right) + \frac{2Pm}{r^2}\frac{\sin 2\Phi}{K_{(2\gamma)}}\right]^2 + 4\left[\frac{Pm\,(\cos 2\Phi - \cos 2\gamma)}{K_{(2\gamma)}\,r^2}\right]^2}$$

Für $2\gamma = 30^0$.

$$2\,\tau_{12} = \sqrt{\left[\frac{2P}{r}\left(-\frac{0,2588\cos\Phi}{1,024} + \frac{0,9659\sin\Phi}{0,0232}\right) - \frac{2Pm}{r^2}\frac{\sin 2\Phi}{0,04656}\right]^2 + 4\left[\frac{Pm\,(\cos 2\Phi - 0,866)}{r^2\,0,04656}\right]^2} \tag{45}$$

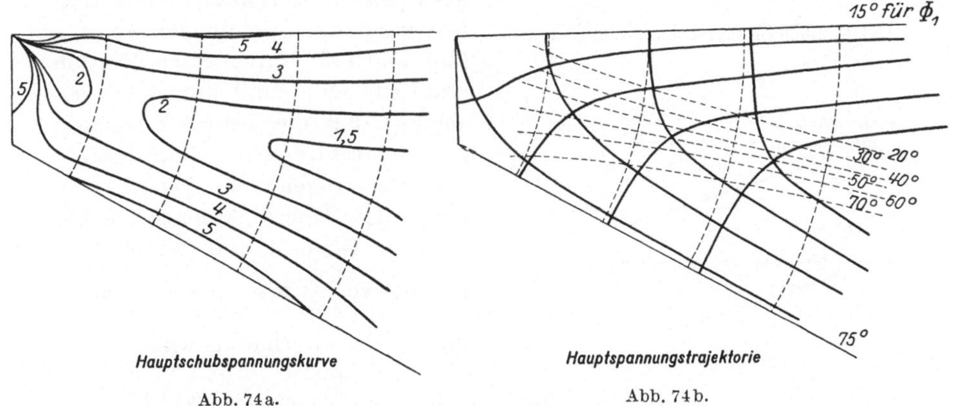

Abb. 74a.   Abb. 74b.

Abb. 74a zeigt die Hauptschubspannungskurven, in der die Ziffern 2, 3 ... 5 die Werte $2\,\tau_{12}$ bedeuten, vorausgesetzt $P=1$ und $m=1$.

§ 34. Abgestumpfte keilförmige Träger, gleichmäßig belastet.

Die Spannungsverteilung an dem Punkt entfernt von A eines abgestumpften keilförmigen Trägers, der gleichmäßig belastet ist, wird annähernd derjenigen des keilförmigen Trägers gleichen, der von der Entfernung m von der Spitze an zuerst gleichmäßig belastet ist.

Um die Spannungsverteilung in letzterem Falle zu erhalten, nehmen wir gleichmäßige gegenseitig sich aufhebende Belastung im Gebiet m an, wie Abb. 75 zeigt. In dieser Weise können wir unsern Fall auf zwei Belastungsfälle in einem keilförmigen Träger zurückführen, nämlich:

1. auf den keilförmigen Träger gleichmäßig nach unten belastet,

2. auf denjenigen nur nahe der Spitze auf der Strecke m teilweise gleichmäßig nach oben gerichtet belastet.

Für den letzteren Fall nehmen wir eine nach oben gerichtete, konzentrierte Kraft mp im Abstand $\frac{m}{2}$ von der Keilspitze an (Abb. 76). Wir werden mit dieser Voraussetzung Recht haben, so lange wir es mit den Spannungen weit von der Spitze zu tun haben. Wir können dann die Spannungen aus Gl. (35) und (43) durch Superposition erhalten. Man muß nur dabei beachten, daß die beiden Gleichungen verschiedenen Koordinatensystemen angehören. Durch Drehung der Koordinatenachsen um $+\gamma$ in Gl. (43) und durch Einsetzung von $\frac{\gamma}{2}$ für γ, $-mp$ für P und $\frac{m}{2}$ für m, erhalten wir

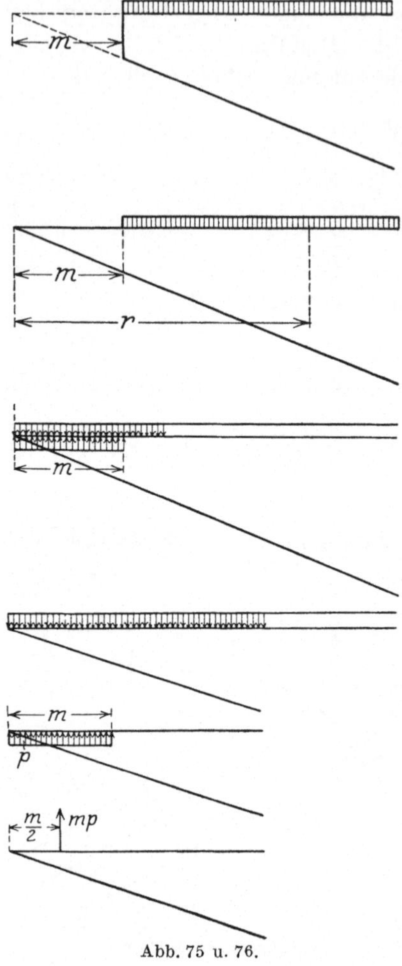

Abb. 75 u. 76.

$$\sigma_r = -\frac{2\,p\,m}{r}\left\{\frac{-\sin\frac{\gamma}{2}\cos\left(\frac{\gamma}{2}-\varPhi\right)}{C'}+\frac{\cos\frac{\gamma}{2}\sin\left(\frac{\gamma}{2}-\varPhi\right)}{S'}\right\}$$
$$\qquad -\frac{p\,m^2}{r^2}\frac{\sin\left(\gamma-2\,\varPhi\right)}{K},$$
$$\tau = -\frac{p\,m^2}{2\,K}\frac{\left\{\cos\left(\gamma-2\,\varPhi\right)-\cos\gamma\right\}}{r^2},$$
$$\text{wo}\quad\begin{cases}C'=\gamma+\sin\gamma,\\ S'=\gamma-\sin\gamma,\\ K=\cos\gamma\cdot\gamma-\sin\gamma\end{cases}\ \text{ist.}$$

$$\tag{43'}$$

(Dabei ist Φ als positiv angenommen, wenn nach der Drehung des Uhrzeigers gemessen wird.)

Durch Superposition der Spannungen aus der Gl. (35) und (43′) erhalten wir die gesuchten Spannungsgleichungen:

$$\sigma_r = p\left[(S_K - 1) - C_K \sin 2\,\Phi + S_K \cos 2\,\Phi - 2\,C_K\,\Phi\right]$$

$$-\frac{2\,p\,m}{r}\left\{-\frac{\sin\frac{\gamma}{2}\cos\left(\frac{\gamma}{2}-\Phi\right)}{C'} + \frac{\cos\frac{\gamma}{2}\sin\left(\frac{\gamma}{2}-\Phi\right)}{S'}\right\}$$

$$-\frac{p\,m^2}{r^2}\frac{\sin(\gamma - 2\,\Phi)}{K},$$

$$\left.\begin{array}{l} \sigma_t = p\left[(S_K - 1) + C_K \sin 2\,\Phi - S_K \cos 2\,\Phi - 2\,C_K\,\Phi\right], \\[2mm] \tau = -\,2\,p\sin\Phi\,(S_K \cos\Phi - C_K \sin\Phi) \\[2mm] \quad -\dfrac{p\,m^2}{2\,K}\dfrac{\{\cos(\gamma - 2\,\Phi) - \cos\gamma\}}{r^2}, \end{array}\right\} \quad (46)$$

wo

$$\left.\begin{array}{l} C_K = -\dfrac{\cos\gamma}{2\,(\gamma\cos\gamma - \sin\gamma)}, \\[3mm] S_K = -\dfrac{\sin\gamma}{2\,(\gamma\cos\gamma - \sin\gamma)}, \\[3mm] C' = \quad \gamma + \sin\gamma, \\[2mm] S' = \quad \gamma - \sin\gamma, \\[2mm] K = \quad \cos\gamma\cdot\gamma - \sin\gamma \end{array}\right\} \quad \text{ist.}$$

§ 35. Spannungskurven abgestumpfter keilförmiger Träger, gleichmäßig belastet.

a) Isoklinische Kurven und Spannungstrajektorien. Die Spannungsverteilung an der Spitze ist in diesem Falle dieselbe wie die bei Kragträgern mit gleichmäßiger Belastung. Es ist zu beachten, daß man hierbei den Fall der Viertelscheibe nicht anwendet, weil hier die Biegungsspannung großen Einfluß hat, während diese bei einer Last gegenüber der Druckspannung der Last vernachlässigt werden kann.

Nach Gl. (46) berechnet man die Werte von tan $2\,\Phi$, wie folgende Tabelle zeigt:

Tabelle 6. „tan $2\,\Phi$".

Φ \ $\dfrac{r}{m}$	1,5	2,0	2,5	3,0
	0	0	0	0
5	0,70	0,526	0,458	0,407
10	1,30	1,28	1,17	1,082
15	4,74	8,54	11,95	16,400
20	−6,64	−2,43	−1,73	−1,455
25	−1,422	−0,70	−0,523	−0,428
30	0	0	0	0

Auf Grund dieser Werte sind die isoklinischen Kurven und Spannungstrajektorien in der Abb. 77 b gezeichnet.

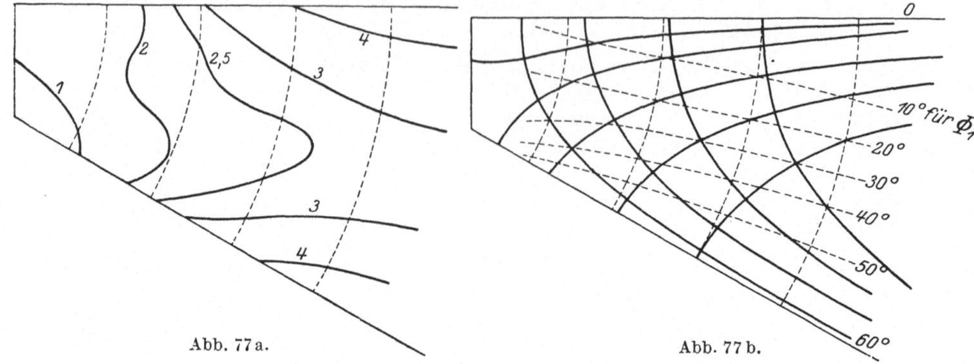

Abb. 77 a.   Abb. 77 b.

b) Hauptschubspannungskurven. Wir können die Kurven dadurch erhalten, daß wir die Werte von σ_r, σ_t und τ in Gl. (46) in die Gl.

$$2\,\tau_{12} = \pm\ \sqrt{(\sigma_r - \sigma_t)^2 + 4\tau^2}$$

einsetzen. Die errechneten Werte von $\dfrac{2\tau_{12}}{p}$ findet man in folgender Tabelle.

Tabelle 7. „$\dfrac{2\tau_{12}}{p}$".

$\varPhi$ \\ $\dfrac{r}{m}$	1,5	2,0	2,5	3,0
0^0	1,474	2,904	4,027	4,917
5^0	1,55	2,53	3,20	3,61
10^0	1,78	2,42	2,82	3 08
15^0	1,63	2,17	2,43	2,57
20^0	1,44	2,07	2,47	2,75
25^0	1,07	2,04	2,83	3,53
30^0	0,82	2,41	3,63	4,59

Die Abb. 77 a zeigt die Hauptschubspannungskurven für den Fall $\gamma = 30^0$. Diese Kurven sind auf Grund der Werte in der Tabelle gezeichnet. Die beiden Figuren in Abb. 77 a und b stimmen mit dem Resultat des optischen Versuches ganz genau überein (vgl. Abb. 112 b und c).

§ 36. Die größte Beanspruchung.

Wenn wir in die Gl. (46) $\varPhi = \gamma$ einsetzen, so erhalten wir

$$\sigma_r = p\left[(S_K - 1) - C_K \sin 2\gamma + S_K \cos 2\gamma - 2\,C_K\gamma\right]$$
$$+ p\,\frac{m}{r}\sin\gamma\left\{\frac{1}{S'} + \frac{1}{C'}\right\} + p\,\frac{m^2}{r^2}\,\frac{\sin\gamma}{K},$$

$$\sigma_t = 0, \qquad\qquad \tau = 0.$$

Für
$$\gamma = 30^0$$

ist
$$\sigma_r = -\, p\, 10{,}74 + p\, \frac{m}{r}\, 22{,}04 - p\, \frac{m^2}{r^2}\, 10{,}739\,.$$

Daraus folgt:
$$\sigma_r = -\, 2{,}405\, p \quad \text{für} \quad \frac{r}{m} = 2$$

und
$$= -\, 4{,}586\, p \quad \text{für} \quad \frac{r}{m} = 3\,.$$

Für $\gamma = 15^0$ ist in derselben Weise
$$\sigma_r = -\, 43{,}633\, p + 89{,}745\, p\, \frac{m}{r} - 43{,}5\, p\, \frac{m}{r^2}\,.$$

Daraus folgt:
$$\sigma_r = -\, 9{,}635\, p \quad \text{für} \quad \frac{r}{m} = 2$$

und
$$= -\, 18{,}551\, p \quad \text{für} \quad \frac{r}{m} = 3\,.$$

Nach der Voraussetzung gewöhnlicher Balkentheorie ist für $\gamma = 30^0$

$$\sigma_r = \frac{(\cos\gamma \cdot r - m)^2\, 6\, p}{2\, r^2 \sin^2\gamma} = 3\, p\, \frac{\left(\cos\gamma - \dfrac{m}{r}\right)^2}{\sin^2\gamma} = 12\, p\left(0{,}866 - \frac{m}{r}\right)^2,$$

$$= 1{,}607\, p \quad \text{für} \quad \frac{r}{m} = 2$$

und
$$= 3{,}409\, p \quad \text{für} \quad \frac{r}{m} = 3\,.$$

Für $\gamma = 15^0$ ist gleicherweise

$$\sigma_r = \frac{3\, p\left(0{,}9659 - \dfrac{m}{r}\right)^2}{0{,}2588^2} = 9{,}72\, p \quad \text{für} \quad \frac{r}{m} = 2$$

und
$$= 17{,}925\, p \quad \text{für} \quad \frac{r}{m} = 3\,.$$

Nach dieser Voraussetzung erhält man zu kleine Werte falls der Keilwinkel groß und die in Betracht kommende Stelle weit von der Spitze ist.

Zweiter Teil.

Versuch.

VI. Prinzip der Versuche.

§ 37. Beziehung zwischen künstlicher Doppelbrechung und Spannung.

Wenn ein Lichtstrahl durch einen durchsichtigen Körper geht, spaltet er sich in zwei linear polarisierte Strahlen, die man den ordentlichen und den außerordentlichen Strahl nennt. Diese Erscheinung der Doppelbrechung findet auch beim belasteten durchsichtigen Körper statt. Brewster[1] hat die Doppelbrechung des Glasstäbchens unter Belastung zuerst betrachtet. Nachdem mehrere Forscher[2] damit Versuche angestellt haben, wird dies Verfahren jetzt viel angewendet, um die ebene Spannungsverteilung in Bauelementen (Balken, Walze, Stab usw.) zu ermitteln. Das Prinzip dieses Versuches beruht auf der Neumannschen Voraussetzung: „Die künstliche Doppelbrechung (d. h. der Unterschied der Geschwindigkeiten ordentlicher und außerordentlicher Strahlen) ist proportional mit dem Unterschied der größten und kleinsten der mit ihrer Ebene parallelen Dilatationen des Körpers"[3]. Weil die Dilatationen innerhalb der elastischen Grenze den Spannungen proportional sind, so ist die Doppelbrechung der Hauptspannungsdifferenz proportional[4].

Man bezeichne den Gangunterschied (Phasendifferenz) mit Δ, die Dicke des Körpers mit d und die Konstanten, abhängig von der Glasorte oder von andern durchsichtigen Stoffen mit J. Man erhält somit:

$$\Delta = d \cdot J \cdot (\sigma_1 - \sigma_2). \tag{1}$$

---

[1] Brewster: Phil. Tr. I. Teil, S. 156. 1816.

[2] Seebeck, Fresnel, Neumann, Wertheim, Mach, Wilson, Mesnager, König, Hönigsberg, Coker, Filon.

[3] Neumann: Gesamte Werke, III. Band.

[4] Wir müssen beachten, daß nach den neueren Untersuchungen die Doppelbrechung in Zelluloid anormal ist, und es fraglich ist, ob die Neumannsche Voraussetzung für Zelluloid zutrifft. Filon hat bewiesen, daß die Doppelbrechung außerhalb der Elastizitätsgrenze mehr von der Spannung abhängig ist als von der Dilatation: „On the stress-optical effect etc. Siehe Literaturangabe!

§ 38. Beziehung zwischen Doppelbrechung und Schubspannung.

Man kann die Gl. (1) wie unten schreiben:

$$\Delta = 2 \cdot d \cdot J \cdot \tau_{12},$$

wo τ_{12} Hauptschubspannung ist. Ich ziehe hier diesen Ausdruck der Gl. (1) vor, oder in Worten ausgedrückt:

Der Gangunterschied in künstlicher Doppelbrechung ist der Hauptschubspannung proportional.

Während die oben genannte Beziehung eine solche zwischen der Qualität der künstlichen Doppelbrechung und dem Gangunterschied ist, können wir wahrscheinlich noch eine interessante Beziehung zwischen der Quantität der künstlichen Doppelbrechung und der Schubspannung annehmen.

In der Abb. 78 bedeuten PP und AA die Schwingungsrichtungen des polarisierten und analysierten Lichtes[1] und BB die optische längere[2] Achse.

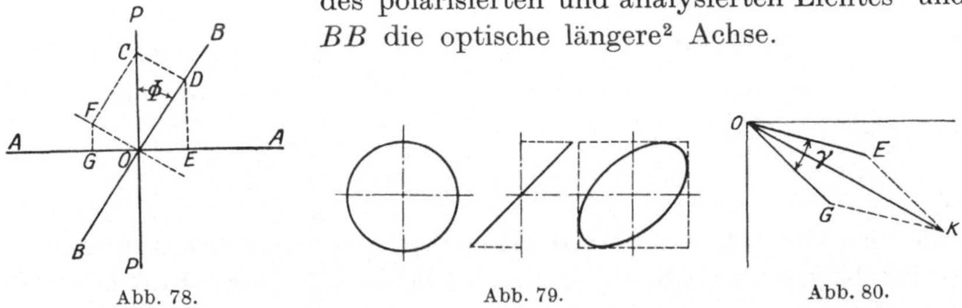

Abb. 78. Abb. 79. Abb. 80.

Man bezeichne die Amplitude des durch Polarisator zerlegten Lichtes mit OC, so wird diese durch Doppelbrechung in zwei Komponenten OD und OF zerlegt. Dadurch entsteht eine etwaige Schwächung des Lichtes. Eine nochmalige Lichtschwächung tritt ein, weil der Analysator nur die Schwingung parallel zur Achse AA gestattet. Zuletzt kann man die Amplitude des durch den Analysator gehenden Lichtes mit den Strecken OE und OG ausdrücken.

Weil $OD = OC \cos \Phi$ ist, so ist $OE = OC \cos \Phi \sin \Phi = OG$.

Wenn nun das Licht durch das Objekt mit der Phasendifferenz (γ) eintritt, so erhalten wir nach dem Vektordiagramm die resultierende Amplitude

$$OK = OC \sin 2\Phi \cos \frac{\gamma}{2}. \qquad (4)$$

---

[1] Im Versuche setzt man den durchsichtigen Körper zwischen Polarisator und Analysator, deren Achsen rechtwinklig zueinander stehen.

[2] Man unterscheidet drei Arten der Polarisation, nämlich: zirkulare, lineare und elliptische Polarisation. Wenn der Gangunterschied des Lichtes nach dem Eintritt in den polarisierenden Körper $\frac{1}{4}\lambda$ (λ = Wellenlänge) ist, nennt man dies Zirkular-Polarisation, wenn $\Delta = 1\lambda$ ist, Linear-Polarisation. In anderem Falle handelt es sich um elliptische Polarisation. Die optische längere Achse bedeutet die längere Achse der angenommenen optischen Ellipse. Siehe Abb. 79!

Weil die Lichtintensität vom Quadrate der Amplitude abhängt, so ist

$$\frac{\overline{OK^2}}{\overline{OC^2}} = \frac{S}{S_0} = \sin^2 2\,\Phi \cos^2 \frac{\gamma}{2}\,.$$

Daraus folgt:

$$S = S_0 \sin^2 2\,\Phi \cos^2 \frac{\gamma}{2}\,.$$

Wenn der Winkel Φ 45^0 ist, so ist bekanntlich die Doppelbrechung am stärksten. In solchem Falle ist $OE = \dfrac{OC}{2}$.

Andrerseits ist die Beziehung $\tau_S = (\sigma_2 - \sigma_1)\dfrac{\sin 2\,\Phi}{2}$ bekannt, in der die Schubspannungsgröße in der Richtung Φ zur Hauptachse, durch Hauptspannungen ausgedrückt wird[1]. Die Spannung τ_s ist in diesem Falle die Schubspannung in der Achsenrichtung des Polarisators und des Analysators.

Man vergleiche die Gleichung mit (4). Weil $\cos\dfrac{\gamma}{2}$ und $\dfrac{\sigma_2 - \sigma_1}{2}$ als konstant angesehen werden können, erhalten wir somit folgende Beziehung:

$$S = S_0 \left(\frac{2\,\tau_s}{\sigma_2 - \sigma_1}\right)^2 \cos^2 \frac{\gamma}{2}\,.$$

Oder die künstliche Doppelbrechungsstärke (eines optisch-isotropen Körpers zwischen gekreuzten Nikols) ist dem Quadrate der Schubspannung in der Richtung der Polarisator- und Analysatorachsen proportional.

Die Veränderung der Spannung τ für die verschiedenen Winkel Φ ist wie Abb. 81 zeigt (vgl. Abb. 2 in § 2).

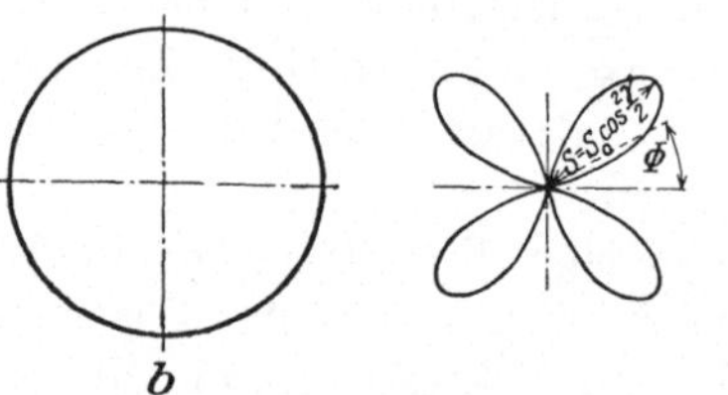
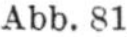
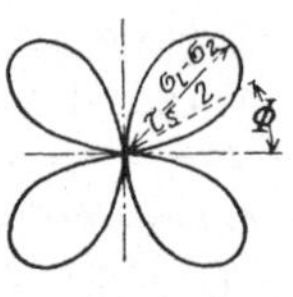

Abb. 81.   Abb. 82.

---

[1] Wenn wir die Koordinatenachsen mit den Hauptspannungsachsen parallel setzen, so erhalten wir durch die Gl. (1) in § 2 durch Einsetzung

$$\sigma_x = \sigma_1\,, \qquad \sigma_y = \sigma_2\,, \qquad \tau = 0$$

die folgende Beziehung

$$\sigma_s = \frac{\sigma_2 + \sigma_1}{2} + \frac{\sigma_2 - \sigma_1}{2} \cos 2\,\Phi\,,$$

$$\tau_s = \frac{\sigma_2 - \sigma_1}{2} \sin 2\,\Phi\,.$$

Diese Kurve wird zugleich als Veränderung der Amplitude angesehen. Die Kurve a in Abb. 82 zeigt uns die Intensitätsänderung des Lichtes für die verschiedenen Lagen des Versuchskörpers. Im Falle des zirkular polarisierten Lichtes ist τ konstant, und die Kurve wird ein Kreis (Abb. 82b). Das bedeutet: die Stärke der Doppelbrechung bleibt in jeder Richtung dieselbe.

§ 39. Prinzip des Versuchs.

Man macht zuerst das durch den Polarisator linear polarisierte Licht durch eine Linse parallel, dann läßt man es durch den Versuchskörper gehen und beobachtet es mit dem Analysator. Die Versuchseinrichtung ist in Abb. 83 schematisch dargestellt.

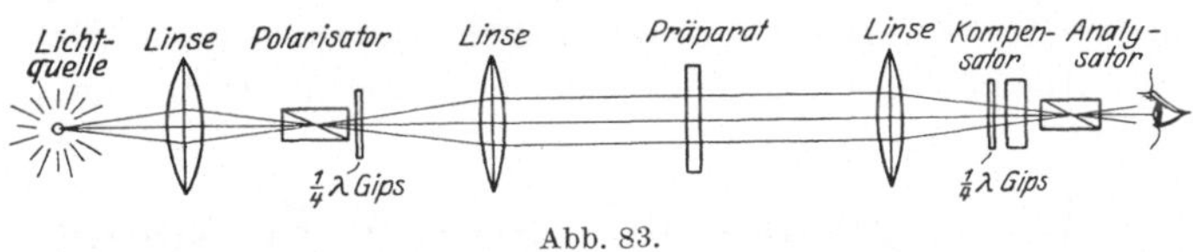

Abb. 83.

Man beobachtet direkt hinter dem Analysator, oder man kann auch hinter demselben eine Vergrößerungslinse einstellen und das Bild an die Wand projizieren lassen. Für zirkular polarisiertes Licht muß man zwischen beiden Nikols $2\,\frac{1}{4}\,\lambda$ (λ : Wellenlänge) Gipsblättchen einschalten (siehe Abb.). Den Kompensator stellt man vor den Analysator. Um die von Punkt zu Punkt veränderlichen Spannungen zu ermitteln, muß ein umdrehbarer und mit Kreiseinteilung versehener Polarisator und Analysator vorhanden sein. Coker und Wilson haben solche Einrichtung benutzt. Man kann es auch so einrichten, daß statt beider Nikols nur die Präparate umgedreht werden, wie es König und Hönigsberg gemacht haben. Für die Lichtquelle paßt monochromatisches Licht am besten, um die Doppelbrechung zu messen. Zur Beobachtung isoklinischer Kurven kann man auch gut weißes Licht benutzen. Das weiße Licht verdient manchmal den Vorzug, weil man beim weißen Licht die Interferenzfarben, die man genauer miteinander vergleichen kann, sieht, während man beim monochromatischen Licht die Schattierung von Dunkel und Hell beobachtet.

Die isoklinischen Kurven kann man leicht unmittelbar beobachten. Durch Umdrehung der gekreuzten Nikols erhält man alle die möglichen isoklinischen Kurven. Nicht so leicht zu erhalten sind aber die isochromatischen Kurven. Man muß nämlich für jeden Punkt den Gangunterschied mittels Kompensator oder Gipsblättchen ablesen, und durch Verbindung der Punkte gleicher Doppelbrechung bekommt man nun erst die isochromatischen Kurven. Danach erkennt man nur die Ver-

änderung der Hauptschubspannungen im Balken, aber nicht die Größe
in den einzelnen Punkten. Die Hauptschubspannungsgröße zu ermitteln,
ist nicht unbedingt notwendig, nötigenfalls kann man sie durch Feststellung des Wertes J berechnen. Um die Hauptspannungen σ_1 und σ_2
zu ermitteln, benutzt man die Beziehung:

$$\delta = \frac{\sigma_1 + \sigma_2}{mE} \cdot d, \tag{5}$$

wo E : Elastizitätsmodul, m : Querdehnungszahl, d : die Dicke des
Balkens und δ die Dickenänderung ist.

Wenn man den Wert δ feststellt, so erhält man durch Gl. (1) und
(5) die Spannung σ_1 und σ_2. In meinem Versuch habe ich mich zur
Nachprüfung der Balkentheorie in bezug auf die isotropen Körper nur
mit den Hauptspannungen beschäftigt. Man muß beachten, daß dieser
Versuch seinem Zwecke nach wesentlich anders ist, als die gewöhnlichen praktischen Versuche (z. B. in Eisenbeton, Holz usw.).

VII. Ergebnis des ersten Versuchs.

§ 40. Einrichtung des Versuchs.

Die ersten Versuche habe ich im Institut für angewendete Mathe-
matik auf der Universität zu Jena gemacht. Als Belastungsapparat
benutzte ich denselben, den Herr
Aue für seine Arbeit benutzt hat[1].
Die sämtlichen optischen Apparate
habe ich vom Zeiss-Werke in Jena
zur Verfügung gestellt bekommen.
Abb. 84 zeigt den Belastungsapparat. Nur statt der Schneiden für

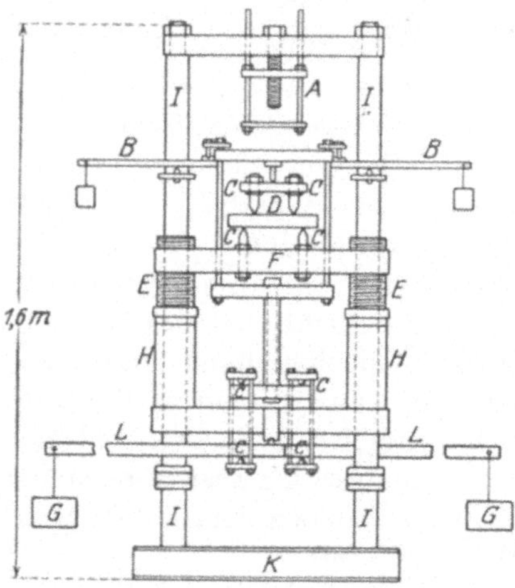

Abb. 84.
A Zugeinrichtung, B Hebel zur Ausbalan-
zierung, C Schneiden, D Glasbalken, E Füh-
rungshülsen zur Verstellung der Traverse F,
G Belastungsgewichte, H Distanzrohre,
I Führungsstangen, K U-Eisen für die Fuß-
fesseln, L Wagebalken. Hebelübertragung
1 : 10.

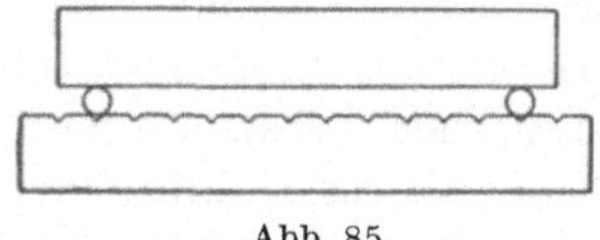

Abb. 85.

Auflager habe ich Messingrundstäbe
(5 mm Durchmesser) benutzt. Ein
Holzbrett, dessen Oberfläche mit
keilförmigen Kerben im Abstande
von je 10 mm versehen war, diente
zur Unterlage (s. Abb. 85!).

Man kann somit die Spannweite
beliebig ändern.

---

[1] Aue: Zur Berechnung der Spannungen in gekrümmten Stäben. Dissertation 1910.

Für die Versuchseinrichtung siehe untenstehende Abbildungen.

Die zwei Nikols F und K sind mit Kreiseinteilung, bis zu einem Grade lesbar, versehen. Die Gruppen (A) und (B) stehen auf je einem Tische, der in beliebiger Richtung verschiebbar ist. Beim Versuch habe

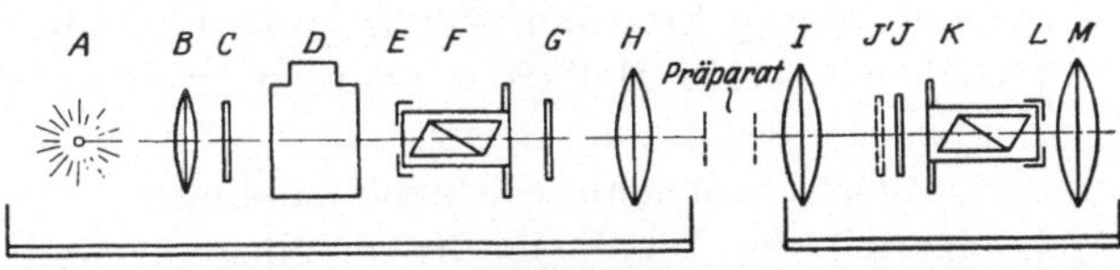

Abb. 86.

A Lichtquelle Nitrolampe 8 Volt 24 HK, B Deformierte Linse, deren Irisblende C bildet das Bild der Lichtquelle auf die Blende E ab, D Küvette für Wasser oder Lichtfilter, F Polarisator, G, J Glimmer ¼ λ*. H, I Linsen ($f = 70$ cm, $\Phi = 8$ cm), M Projektionsobjektiv (direkt hinter dem Nikol aufgestellt).

ich die Spannungskurven zum Teil nach der Projektion an der Wand gezeichnet, zum Teil direkt beobachtet und gezeichnet. Um korrekter zeichnen zu können, habe ich einen Rahmen mit gekreuzten Fäden (5 mm × 5 mm) hinter dem Objekt eingeschaltet und danach auf kariertem Papier übertragen.

(Sämtliche Präparate wurden vom Zeiss-Werke Jena geliefert.)

Nebenstehende vier Versuchspräparate habe ich benutzt. Die Präparate I und III sind aus Glas „O. 376"[1], von dem Präparat II ist ein Exemplar von derselben Sorte und eins aus gewöhnlichem Spiegelglas. Das Präparat IV ist aus Spiegelglas. Zur Untersuchung der isochromatischen Kurven genügt Spiegelglas, zur Orientierung über die Doppelbrechungsgröße muß man natürlich

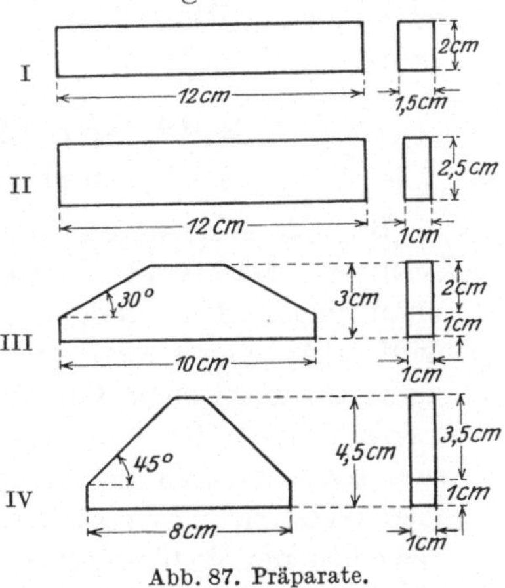

Abb. 87. Präparate.

einen sorgfältig ausgewählten, spannungsfreien Glasstab benutzen. Abb. 123 und 124 auf Tafel I am Schluß des Buches zeigen die Einrichtung des Versuchs.

§ 41. Ausführung des Versuchs.

Zuerst muß man untersuchen, ob die Präparate spannungsfrei sind. Zu diesem Zwecke setze man das unbelastete Präparat zwischen die gekreuzten Nikols. Dabei darf keine Helligkeit auftreten. Dann drehe

---

* Um zirkular polarisiertes Licht zu erhalten, muß man die optischen Achsen der Glimmerplättchen senkrecht zueinander stellen, mit einer Neigung von 45° zur Polarisatorachse, die zur Analysatorachse senkrecht steht.

[1] Die Zusammensetzung ist folgende: 55,5% Sio; 4,5% NaO; 8% KO; 6% PbO; 0,3% AsO. E = 5945 kg/mm²; $\mu = \dfrac{1}{m} = 0{,}2234445$.

man die beiden Nikols, indem man die Polarisations- und Analysationsebene immer zueinander senkrecht hält. Das Gesichtsfeld muß bei
allen Lagen der Nikols dunkel bleiben. Nach Schluß des Versuchs
muß man die Präparate entlasten und sie wieder bei verschiedenen
Lagen der gekreuzten Nikols prüfen. Dabei habe ich
natürlich keine Helligkeit gemerkt, weil die Last weit
unter der elastischen Grenze war.

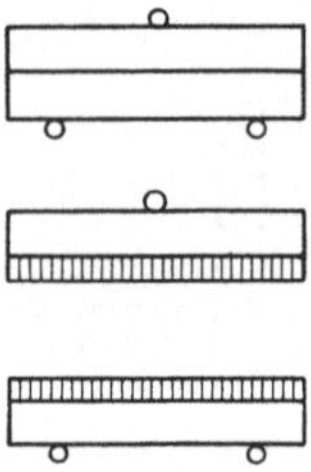

Zuerst beobachtete ich die isoklinischen Kurven, indem ich die Nikols je um 5^0 oder 10^0 weiter drehte,
und jedesmal die dunkeln Kurven im Gesichtsfeld zeich-
nete. Dies sind die isoklinischen Kurven.

Um eine gleichmäßige Belastung zu erhalten, habe
ich zwei Präparate II aufeinander gesetzt und in kür-
zerer Spannweite in der Mitte belastet. Man erhält dadurch den Fall etwa des gleichmäßig belasteten Balkens

Abb. 88.

und den mit konzentrierter Last bei gleichmäßiger Fußbelastung
(Abb. 88).

§ 42. Neue Methode zur Aufzeichnung isochromatischer Kurven.

Besonders schwer ist es, die isochromatischen Kurven genau zu
zeichnen. Man kann sie indirekt aufzeichnen, wenn man die Gang-
unterschiede Δ an möglichst vielen Punkten abliest. (Diese Methode
wird in Abschnitt VII genauer behandelt.) Die indirekte Feststellung
der isochromatischen Kurven ist bis jetzt nie gelungen. Ich habe hierzu
folgende neue Methode angewendet, die mir für diesen optischen Versuch sehr zweckmäßig scheint. Mit zwei $\frac{1}{4}\lambda$ Glimmerplättchen mache
man zuerst zirkular polarisiertes Licht, dann schalte man die Plättchen
verschiedener Wellenlänge in der Lage J' (s. Abb. 86) ein. Ich benutzte
die Plättchen aus der Mohrschen Kollektion. Sie enthielt vier Glimmer-
und vier Gipsblättchen $\frac{1}{8}\lambda$, $\frac{1}{4}\lambda$, $\frac{3}{8}\lambda$, $\frac{1}{2}\lambda$, 1. bis 4. Ordnung Rot) für
Newtonsche Skala). Durch Superposition (bei parallelen optischen
Achsen: Addition, oder bei gekreuzten optischen Achsen: Subtraktion)
bekommt man Variationen von $\frac{1}{8}\lambda$ Unterschied (d. h. $\frac{1}{8}$, $\frac{1}{4}$, $\frac{3}{8}$, $\frac{1}{2}$,
$\frac{5}{8}$, $\frac{3}{4}$, $\frac{7}{8}$ und 1λ). Man nehme an, daß ein $\frac{1}{4}\lambda$-Plättchen so eingeschaltet sei, daß die Indexachse (optische Achse) zur lotrechten Rich-
tung in einem Winkel z. B. α geneigt ist, so bleibt irgendeine Stelle
im Gesichtsfeld, wo die Doppelbrechung mit $\frac{1}{4}\lambda$ ausgelöscht worden
ist, ganz dunkel. Man notiert diese Stelle, dreht das Plättchen etwas
weiter und erhält eine neue Stelle, die dunkel bleibt usw. Auf diese
Weise gewinnt man viele solche Punkte. Durch Verbindung derselben
erhält man eine Kurve. Dies ist die isochromatische Kurve, in der die
Hauptschubspannungsgröße korrespondiert mit dem Gangunterschied

von $\frac{1}{4}\,\lambda$. Wenn man auf diese Weise die andern Plättchen einschaltet und dasselbe Verfahren wiederholt, erhält man die weiteren isochromatischen Kurven.

§ 43. Ergebnisse des Versuchs.

Ich habe zuerst mit Präparat I die isoklinischen Kurven bei verschiedener Spannweite aufgezeichnet. Die Ergebnisse sind wie Abb. 89 bis 94 zeigen. Im Falle der Abb. 89b ist das Verhältnis der Spannweite zur Höhe des Balkens gerade $\frac{c}{b} = 5$.

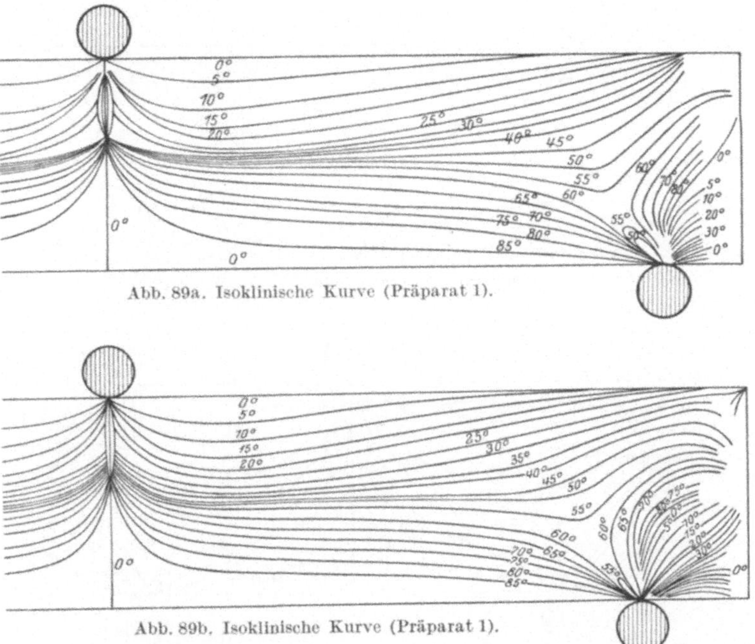

Abb. 89a. Isoklinische Kurve (Präparat 1).

Abb. 89b. Isoklinische Kurve (Präparat 1).

Nach der Annäherungsberechnung in § 15 erhielten wir für die Abstände der Nullschubspannungspunkte von der oberen Kante $\eta' = 0{,}7609$ und $0{,}2563$; diese Lage kann man in der Abbildung ungefähr erkennen[1]. Die Fälle der Abb. 90 bis 94 sind bei verschiedener Spannweite von 8 cm bis Null untersucht. Die Verhältnisse $\frac{c}{b}$ sind also 4 (Abb. 90) 2 (Abb. 91), 1 (Abb. 92), 0,5 (Abb. 93) und 0 (Abb. 94). Im letzten Falle ist die Kurve fast dieselbe wie bei einer quadratischen Scheibe. Wie Abb. 95 zeigt, habe ich zum Vergleich die Kurven in einem Würfel von 3 cm Seitenlänge untersucht. Die isoklinischen Kurven werden

---

[1] In Abb. 89a sieht man die Nullschubspannungspunkte deutlicher.

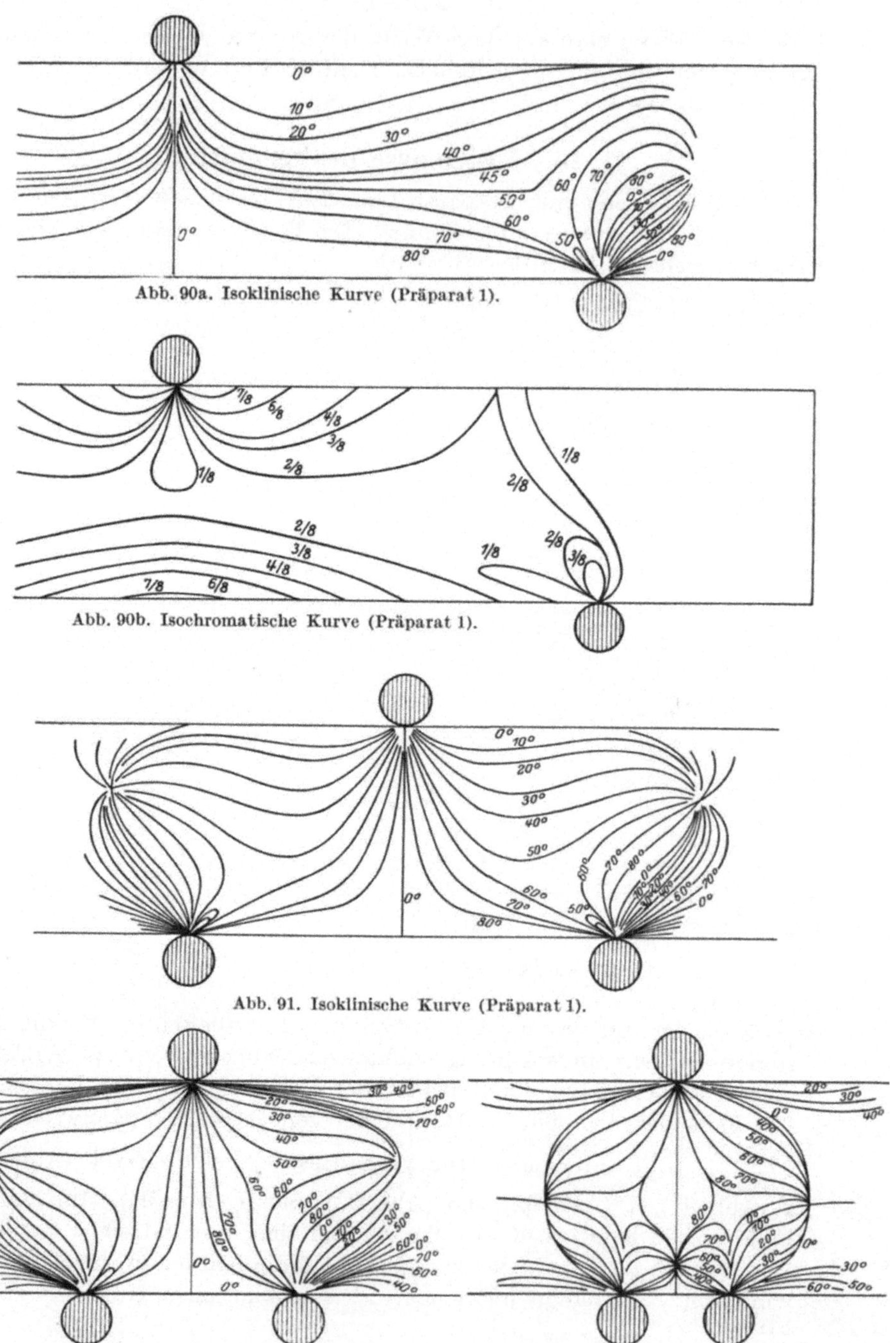

Abb. 90a. Isoklinische Kurve (Präparat 1).

Abb. 90b. Isochromatische Kurve (Präparat 1).

Abb. 91. Isoklinische Kurve (Präparat 1).

Abb. 92. Isoklinische Kurve (Präparat 1).   Abb. 93. Isoklinische Kurve (Präparat 1).

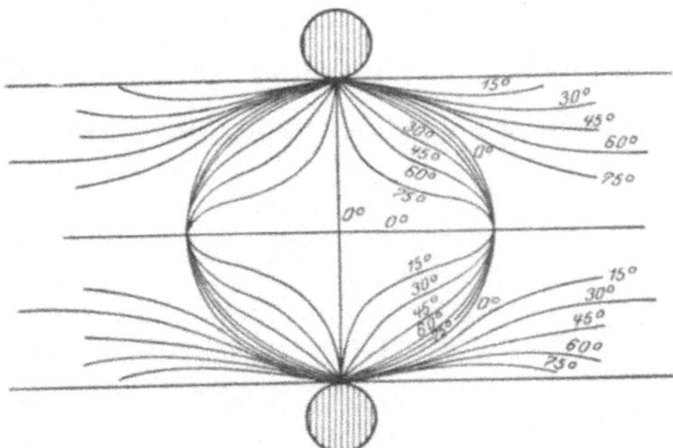

Abb 94. Isoklinische Kurve (Präparat 1).

aus einer Schar flacher, parallel laufender, horizontaler Linien, je nach dem das Verhältnis $\frac{c}{b}$ kleiner wird, allmählich gekrümmt, bis sie zuletzt etwa kreisförmig aussehen.

Die Spannungstrajektorien, die nach den gemessenen isoklinischen Kurven gezeichnet sind, findet man

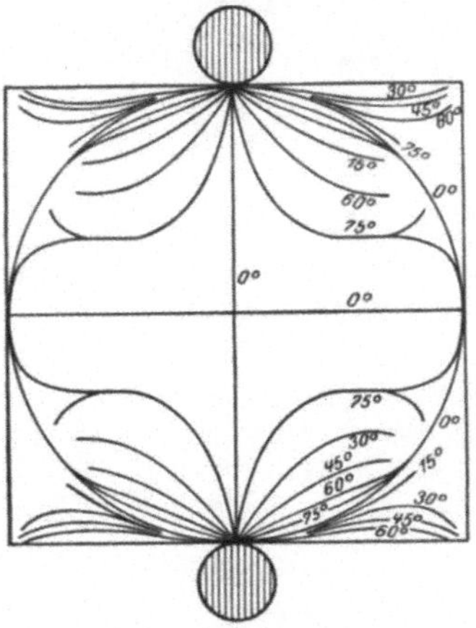

Abb. 95. Isoklinische Kurve.

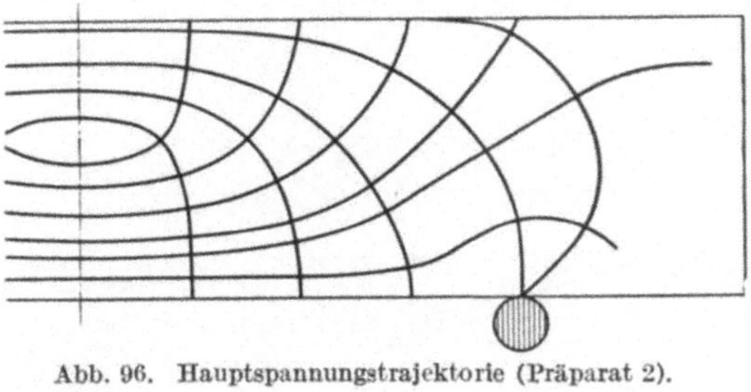

Abb. 96. Hauptspannungstrajektorie (Präparat 2).

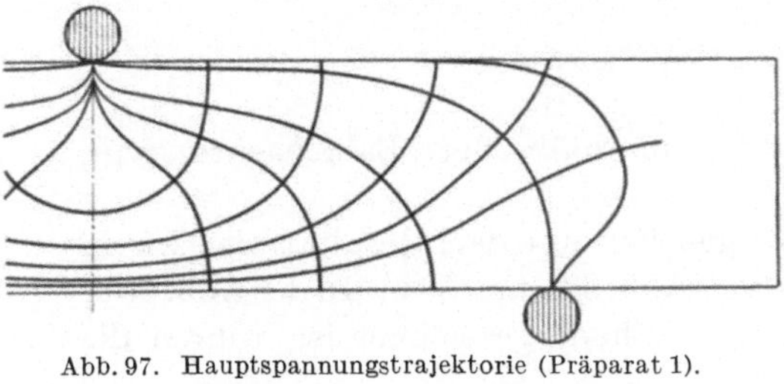

Abb. 97. Hauptspannungstrajektorie (Präparat 1).

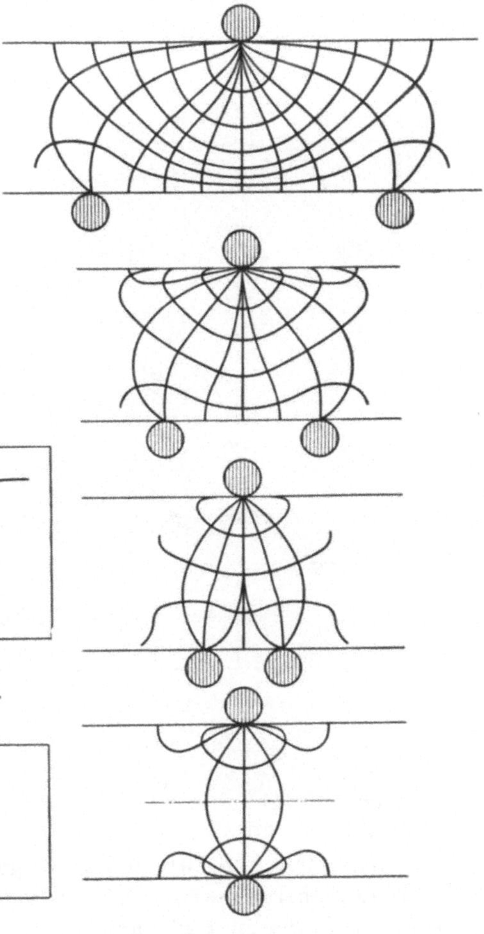

Abb. 98. Hauptspannungstrajektorie (Präparat 1)

in Abb. 96 bis 98. Man sieht hier sehr deutlich, daß die lokale Störung bei der Spannungsorientierung beachtet werden muß, besonders für den Fall, daß das Verhältnis $\frac{c}{b}$ klein ist. In der Abb. 93 sieht man

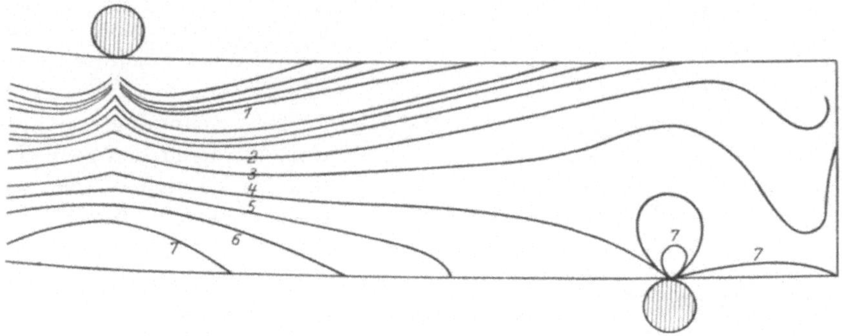

Abb. 99. Isochromatische Kurven.

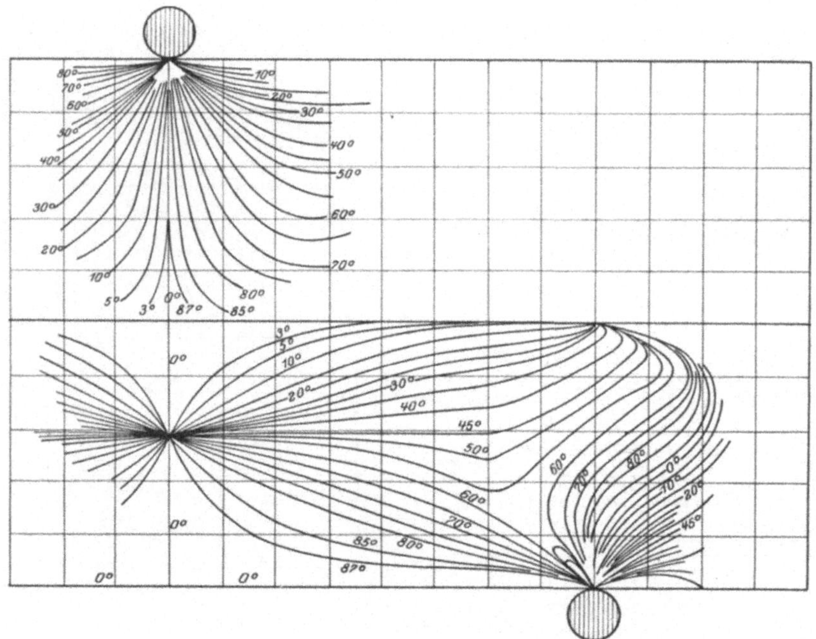

Abb. 100. Isoklinische Kurve (Präparat 2).

einen Nullschubspannungspunkt unterhalb der Balkenachse (vgl. § 15).

Abb. 90a und 90b sind zu vergleichen mit dem Resultat, das wir in § 16 annäherungsweise erhielten (vgl. Abb. 33a und 33b). In der Abb. 90b, die nach der in § 42 dargestellten Methode gezeichnet ist, rühren die

Zahlen $\frac{1}{8}$ bis $\frac{7}{8}$ her von den Wellenlängen der Gips- und Glimmer-plättchen, die ich für die Untersuchung benutzt habe. Die Zahlen haben also an sich keine Bedeutung; sie dienen nur als Mittel, um danach das Verhältnis der Hauptschubspannungen an verschiedenen Punkten miteinander zu vergleichen.

Abb. 99 zeigt die isochromatischen Kurven in einem Zelluloidbalken $13{,}5 \times 2 \times 1{,}2$ cm.

Weil Zelluloid nicht so spröde ist wie Glas, kann man den Zelluloid-balken so stark belasten, daß bei weißem Licht im Gesichtsfeld mehrere

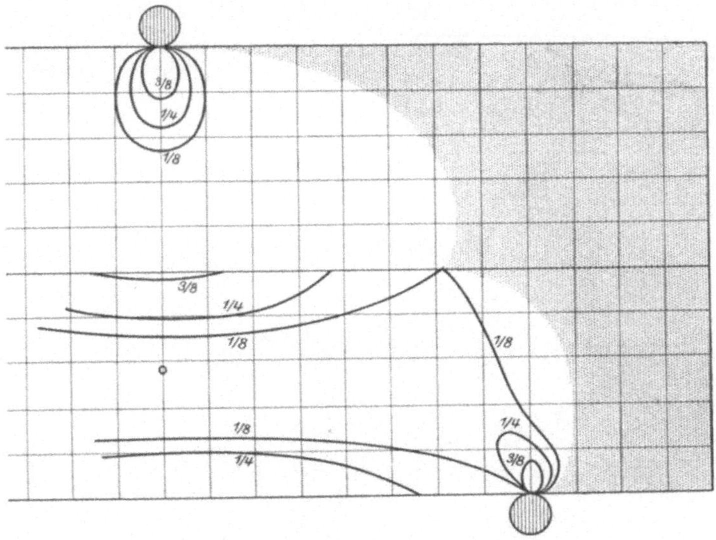

Abb. 101. Isochromatische Kurve (Präparat 2).

dunkle Streifen erscheinen. Ich habe die Kurven dieser Streifen mit Benutzung zirkular polarisierten Lichtes aufgezeichnet. Diese Kurven sind isochromatische Kurven. Man muß aber beachten, daß der Zelluloid-balken dabei schon außerhalb der Elastizitätsgrenze belastet ist, wie man aus der starken Durchbiegung des Balkens in der Abbildung erkennen kann. Dieses Resultat habe ich zum Vergleich mit dem beim Glasbalken hier beigesetzt (ferner vgl. § 48). Die Ergebnisse des Versuchs mit den Präparaten II, in dem die zwei aufeinander gesetzten Balken untersucht werden, sind wie Abb. 100 und 101 zeigen. Beim oberen Balken sieht man Spannungskurven, ganz ähnlich denen, beim Falle der Halbscheibe mit einer Last (vgl. Abb. 48 b und 50). Dies Resultat dient indirekt zur Nachprüfung der Beziehung

$$\sigma_r = -\frac{2P}{\pi r} \cos \Phi \quad \text{(vgl. § 18).}$$

In bezug auf den unteren Balken sieht man Kurven, die mit denjenigen in Abb. 18a und b übereinstimmen, abgesehen von dem Gebiet der Auflager. Man kann also umgekehrt schließen, daß die Belastung,

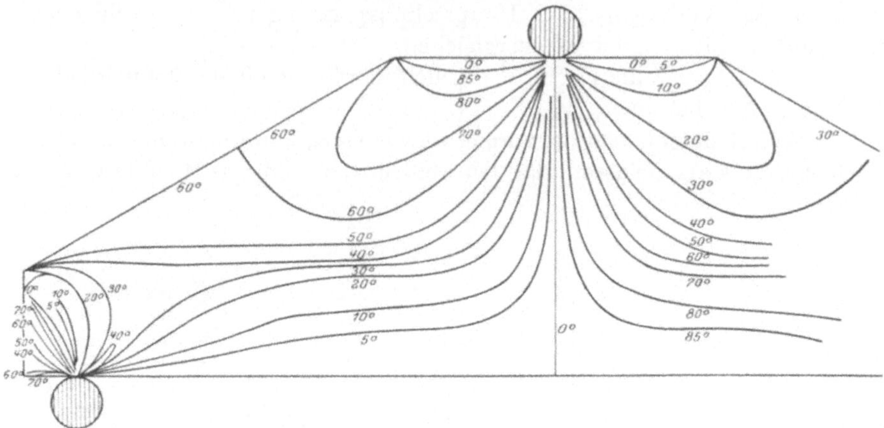

Abb. 102. Isoklinische Kurven (Präparat 3).

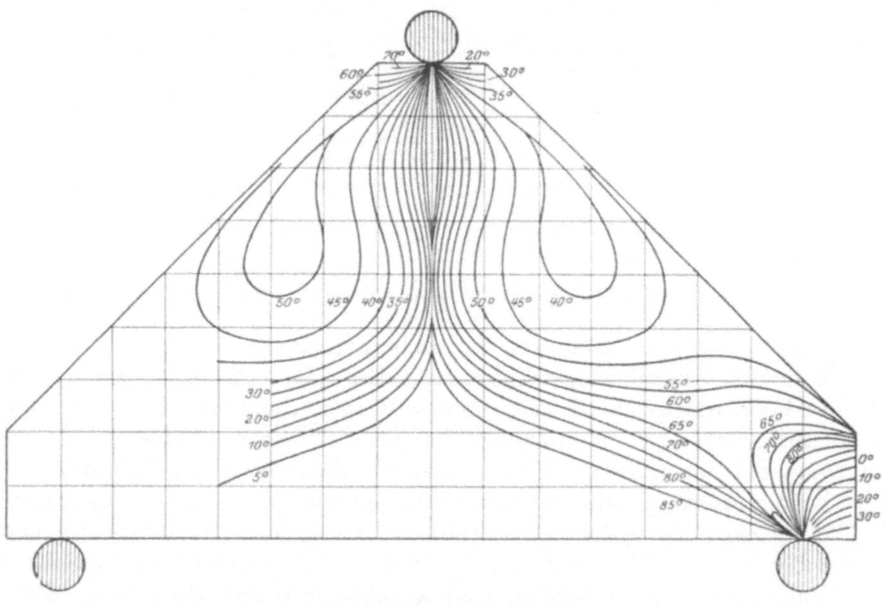

Abb. 103. Isoklinische Kurve (Präparat 4).

wie beabsichtigt, gleichmäßig war. Abb. 96 zeigt die Hauptspannungstrajektorie.

Präparate 3 und 4 habe ich nur für die isoklinischen Kurven benutzt (Abb. 102 und 103). Abb. 104 und 105 zeigen die danach gezeichneten Hauptspannungstrajektorien, die sehr gut zur Nachprüfung der Theorie des abgestumpften Keils mit einer Last an der Spitze parallel zur Keilachse dienen (vgl. § 32). Man sieht dabei, daß die Hauptspannungstrajektorie, wie sie in Abb. 72 andeutungsweise aufgezeichnet war, wie erwartet, genau stimmt.

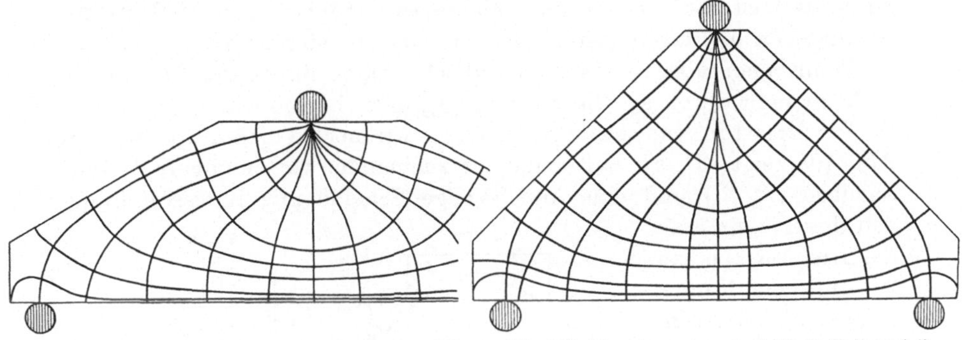

Abb. 104. Hauptspannungstrajektorie (Präparat 3).　　Abb. 105. Hauptspannungstrajektorie (Präparat 4).

Die photographischen Aufnahmen für die isoklinischen Kurven findet man in Abb. 125 bis 137 auf Tafel II bis IV am Schluß des Buches.

VIII. Ergebnisse des zweiten Versuchs.

§ 44. Einrichtung des Versuchs.

Den zweiten Versuch habe ich im physikalischen Institut der Universität zu Gießen gemacht. Ich benutzte dabei die Einrichtung, die Prof. König für seinen Versuch gebraucht hat[1].

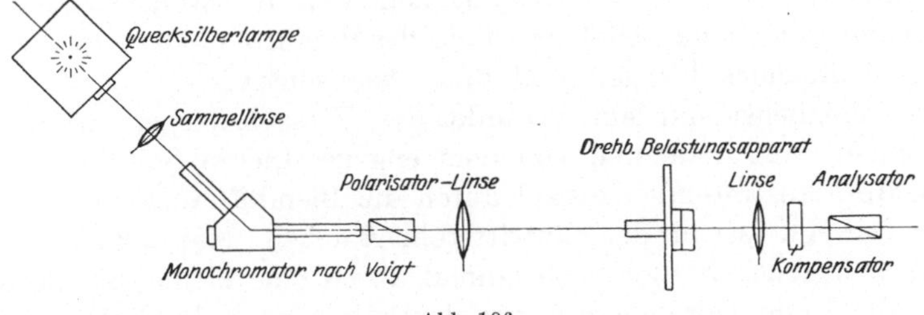

Abb. 106.

Die Einrichtung ist in der Abb. 106 schematisch dargestellt.

Das Licht der Quecksilberlampe geht zuerst durch einen Monochromator[2], dadurch kann man jede beliebige Farbe des Spektrums

---

[1] König: Nachweis elastischer Spannungen in ringförmigen Körpern mit Hilfe künstlicher Doppelbrechung. 1915 usw. Siehe Literaturangabe.

[2] Monochromator nach Voigt. Vgl. Deutsche Mechaniker-Zeitung 1911, S. 67—69.

erhalten. Ich habe die hellgrüne Farbe gewählt, deren Wellenlänge $\lambda = 546\,\mu\mu$ ist ($\mu\mu =$ Millimikron). Die Belastung ist bei diesem zweiten Versuch durch Schrauben verursacht (s. Abb. 107). Das Präparat wird in einem Stahlrahmen unter einer Traverse eingelegt, die mittels der Schraube heruntergedrückt wird. Für unseren Versuch ist es nicht nötig die Lastgröße zu messen, weil wir es nur mit dem Verhältnis der Spannungen an den einzelnen Punkten zueinander zu tun haben.

Wenn man aber die sog. spezifische Doppelbrechung (J) kennt, so kann man durch sie die Spannungsgrößen berechnen.

Zur Belastungseinrichtung brauchen wir noch einen Apparat, den Abb. 108 zeigt. Dieser hat senkrecht zueinander verschiebbare Metallscheiben ($P_1\,P_2$) und eine kreisförmige Scheibe mit Kreiseinteilung. Auf dieser kann man die Drehung bis zu 30″ mit dem Nonius (Vernier) ablesen.

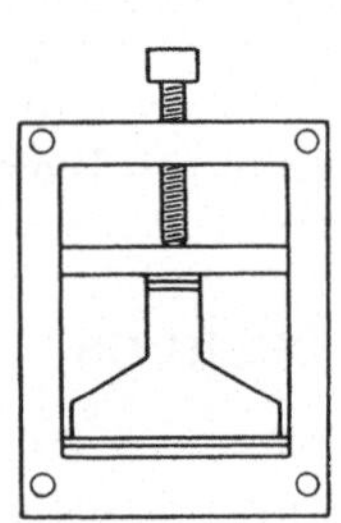

Abb. 107.

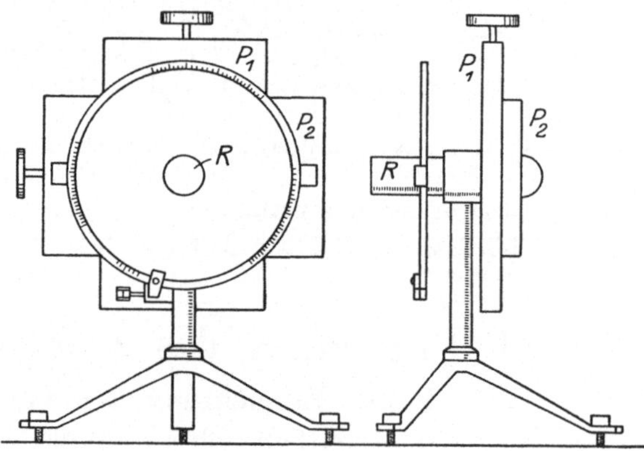

Abb. 108.

Hinter der Scheibe P schraubt man den Belastungsrahmen fest. Man kann dann jede beliebige Stelle des Präparats genau in die Mitte des Gesichtsfeldes bringen und dann beobachten.

Um möglichst nur einen Punkt des Versuchskörpers beobachten zu können, läßt man den, von dem eng geöffneten Spalt des Monochromators austretenden Strahl durch die Blendöffnung von ungefähr 1 mm Durchmesser an das Eintrittsrohr R gehen. Man läßt den Strahl aus dem Versuchskörper noch einmal durch eine kleine Blendöffnung (ungefähr 1 mm Durchmesser) vor dem Analysator durchgehen, damit man jeden Beobachtungsfehler möglichst vermeidet.

Bei der Aufstellung ist es das wichtigste, die Drehungsachse des Präparats vollkommen senkrecht zur Präparatsfläche und mit dem Lichtstrahl genau zusammenfallend zu stellen.

Ich habe dazu folgende Vorbereitung getroffen. Zuerst markierte ich die Stelle auf dem Präparat, auf die der Lichtstrahl fällt, und dann drehte ich das Präparat. Während des Drehens muß der Lichtfleck in derselben Lage bleiben, wenn die Präparatsfläche zur Strahlenrichtung senkrecht ist.

Zur Messung des Gangunterschieds benutzte ich den Soleil-Babinetschen Kompensator, mit dem man den Gangunterschied bis zu $0{,}01\,\mu$ (μ = Mikron) ablesen kann[1].

Da der Zweck des Versuchs die Ermittelung der Spannungen im Mauerfundament war, habe ich für die Präparate folgende vier gebräuchlichste Formen gewählt (s. Abb. 109).

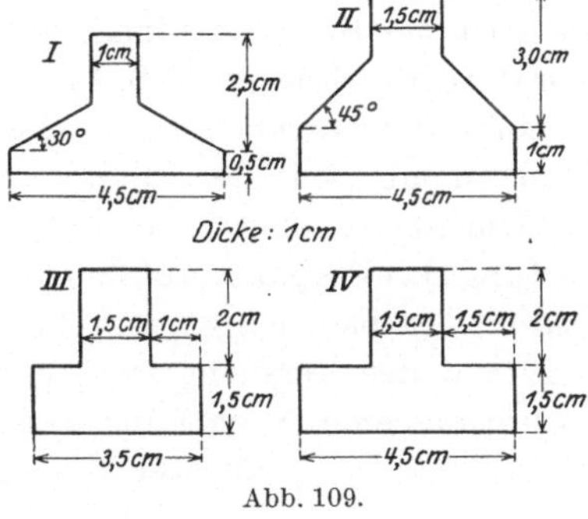

Abb. 109.

Die gesamte Versuchseinrichtung findet man abgebildet am Schluß des Buches (s. Abb. 138 u. 139 auf Tafel V).

§ 45. Ausführung des Versuchs.

Ich habe zuerst das hellgrüne Licht durch den Kompensator beobachtet und folgende Ablesung der Phasenverschiebung erhalten:

	+ 25,32	+ 12,51	— 0,36	— 13,21
	+ 25,33	+ 12,47	— 0,34	— 13,15
	+ 25,29	+ 12,52	— 0,24	— 13,05
	+ 25,40	+ 12,65	— 0,28	— 13,16
Mittelwerte	+ 25,34	+ 12,54	— 0,31	— 13,14
Differenz	12,80	12,85	12,83	

Daraus schließe ich, daß $12{,}83\,\mu$ dem Gangunterschied einer Wellenlänge entspricht, und daß 0,31 die Ablesung für den Null Gangunterschied ist[2,3].

Wie bei dem ersten Versuch muß man auch diesmal wieder vor und nach dem Versuch prüfen, ob die Präparate spannungsfrei sind. Die Methode ist dieselbe wie in § 41. Nur statt der beiden Nikols habe ich in diesem Falle den Nörenbergschen Apparat benutzt[4]. Um die

---

[1] Der Kompensator besteht aus einer planparallelen Quarzplatte und zwei gegeneinander verschiebbaren Quarzkeilen, die senkrecht zur optischen Achse geschnitten sind. Näheres siehe z. B. Schulz und Gleichen: Die Polarisationsapparate und ihre Verwendung.

[2] Die Ablesung (0,31) muß eigentlich Null sein, wenn der Kompensator ganz in Ordnung ist. Wahrscheinlich sind die Quarzkeile des benutzten Kompensators etwas nach einer Seite geschoben. Es schadet aber bei der Untersuchung nichts weiter.

[3] Diese Kompensatorlesung für das benutzte Licht ist für unsern Versuch nicht nötig. Wenn man aber die Hauptschubspannungsgröße feststellen will, muß man sie benutzen. (Siehe § 46.)

[4] Der Noerenbergsche Apparat ist ein Polarisationsapparat durch Reflexion mit 2 Spiegeln. (Siehe Abb. 111.)

Belastung möglichst gleichmäßig zu machen, habe ich die Präparate zwischen mehreren Lederschichten eingelegt und dann gedrückt. Trotzdem ist die Belastung vielleicht nicht ganz gleichmäßig, sondern etwa parablisch verteilt (s. Abb. 110). Diese parablisch verteilte Fußbelastung entspricht wahrscheinlich mehr dem wirklichen Belastungszustand im Fundament, weil der Boden immer etwas nachgiebig ist.

Um die symmetrische Belastung zu erhalten, habe ich bei der Belastung das Präparat auf den Objekttisch des Noerenbergschen Apparats gesetzt, es beobachtet und korrigiert. Um Entlastung des Präparats während des Versuchs zu vermeiden, ließ ich die Präparate nach der Belastung eine Nacht durch stehen. (Ich habe die Präparate in den meisten Fällen so stark gedrückt, daß im oberen Teil der Präparate die violette Farbe der 1. Ordnung erschien.)

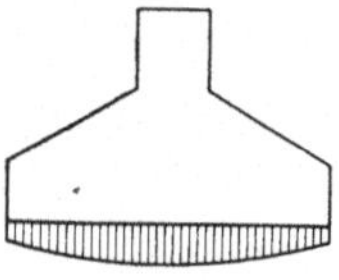

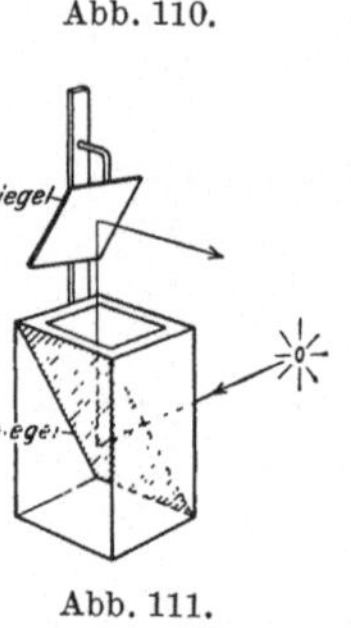

Abb. 110.

Abb. 111.

Die Polarisator- und Analysatorachsen müssen zuerst mit der Neigung von 45° zur horizontalen Richtung eingestellt werden, weil die Quarzkeile dieses Kompensators in wagerechter Richtung verschiebbar sind. Nach Aufstellung des Präparats bringe man die Stelle, deren Spannung gemessen wird, in den Gang des Lichtes[1] und drehe das Präparat, bis das Gesichtsfeld dunkel wird. Die Ablesung der Kreiseinteilung bei dieser Lage zeigt die Hauptschubspannungsrichtung des betreffenden Punktes. Man drehe dann das Präparat um 45° weiter, so stimmt die Hauptschubspannungsrichtung mit der Polarisations- und Analysationsebene überein. In dieser Lage ist die Aufhellung am stärksten. Man stelle dann den Kompensator hinter den Analysator und lösche die Aufhellung durch Umdrehung der Schraubentrommel des Kompensators aus. Die Ablesung am Kompensator gibt uns das Doppelbrechungsverhältnis an diesem Punkte.

Auf diese Weise habe ich die Hauptspannungsneigung und das Doppelbrechungsverhältnis im Vertikal- und Horizontalabstand von je 2 mm gemessen. Es ergaben sich dabei Stellen, wo man die Aufhellung leicht auslöschen und solche, wo man sie nie vollkommen auslöschen konnte; in letzterem Falle bleibt das Gesichtsfeld halbdunkel. Die ersteren Stellen liegen in dem Gebiet, wo die Hauptschubspannungen sich von Punkt zu Punkt verhältnismäßig rasch ändern, während sie sich an den letzteren Stellen allmählich ändern. Dasselbe bemerkt man in bezug auf die Messung der Hauptspannungsneigungen.

---

[1] Wie ich schon bemerkt habe, ist das Lichtbündel, das auf das Präparat fällt, kaum so groß wie 1 mm Durchmesser.

§ 46. Ergebnisse des Versuchs.

Die Ablesung der Hauptspannungsrichtung und des Doppelbrechungs-
verhältnisses findet man in Tabelle 8 bis 11, in welchen der Anfangspunkt der Koordinaten der Mittelpunkt der oberen Kante ist.

Tabelle 8a.

Hauptspannungsrichtungen. (Präparat I.)

x (mm) y (mm)	2 0 ′	4 0 ′	6 0 ′	8 0 ′	10 0 ′	12 0 ′	14 0 ′	16 0 ′	18 0 ′	20 0 ′	21,5 0 ′
1	1–20	1–30									
3	1–20	1–50									
5	1–20	1–50									
7	1–20	1–50									
9	1–20	1–50									
11	4–50	3–35									
13	11–50	11–20									
15	22–30	29–50									
17˙	20–35	32–50	45–50	59–35							
19	15–50	29–20	42–50	54–15	59–00						
21	11–30	24–50	35–25	44–50	50–50	56–50	58–10				
23	7–50	17–00	28–30	34–50	40–05	43–50	47–20	52–50	57–00		
25	5–10	10–05	15–50	19–50	26–10	31–05	32–50	35–50	38–05	40–50	36–20
27	2–50	4–50	8–20	11–20	13–50	16–50	19–20	21–40	24–20	23–35	17–20
29	50	1–40	2–30	3–10	4–10	5–10	6–50	7–55	10–50	12–50	8–05
x (mm)	2	4	6	8	10	12	14	16	18	20	21,5

Tabelle 8b.

Hauptschubspannungsverhältnis. (Präparat I.)

x (mm) y (mm)	0	2	4	6	8	10	12	14	16	18	20	21,5
1	6,66	6,24	5,81									
3	6,42	6,08	6,03									
5	6,34	6,08	6,03									
7	6,25	6,08	6,03									
9	6,18	5,94	6,03									
11	5,25	5,54	6,03									
13	3,19	4,23	6,24									
15	1,61	2,22	4,87									
17	0,58	1,06	3,00	6,58	6,71							
19	0,72	1,29	2,55	4,32	4,97	5,04						
21	1,48	1,72	2,51	3,35	3,81	4,11	4,20	4,24				
23	2,46	2,38	2,54	2,90	3,13	3,21	3,37	3,31	2,96	2,87		
25	3,54	3,48	3,41	3,30	3,20	3,12	3,05	2,90	2,73	2,19	1,30	0,01
27	4,98	4,98	4,74	4,31	4,04	3,70	3,29	3,05	2,80	2,30	1,59	0,62
29	6,82	6,82	6,55	6,07	5,43	4,77	4,20	3,61	3,10	2,40	1,79	1,30
x (mm)	0	2	4	6	8	10	12	14	16	18	20	21,5

In bezug auf die Ablesung der Doppelbrechung darf man nicht vergessen, daß die Zahlen an sich keine bestimmte Bedeutung für die
Spannungsgröße haben. Sie geben die Verhältnisse der Hauptschubspannungen an verschiedenen Stellen an. Falls man die Hauptschub-

                    Ergebnisse des zweiten Versuchs.

Tabelle 9a.

Hauptspannungsrichtungen.   (Präparat II.)

x (mm) / y (mm)	2,5	4,5	6,5	8,5	10,5	12,5	14,5	16,5	18,5	21,5
	0 ′	0 ′	0 ′	0 ′	0 ′	0 ′	0 ′	0 ′	0 ′	0 ′
1	0–02	2–50	3–40							
3	1–15	3–24	2–30							
5	1–25	3–15	1–55							
7	1–50	3–10	2–15							
9	1–50	4–16	1–45							
11	3–35	7–10	3–14							
13	4–30	11–10	8–50							
15	3–20	12–00	19–30							
17	2–15	9–50	18–00	30–30						
19	2–20	11–00	18–20	26–40	39–45					
21	3–25	11–30	18–30	24–00	32–35	40–00				
23	4–00	12–00	16–20	21–30	27–30	33–00	39–15			
25	4–00	11–30	15–00	18–30	23–22	27–30	31–10	38–24		
27	4–30	10–30	14–00	16–30	19–20	22–40	25–20	27–30	30–40	
29	6–00	9–30	12–50	14–20	17–00	19–30	21–10	21–10	22–40	26–00
31	6–30	8–30	11–12	12–15	14–30	16–05	17–00	15–40	17–00	21–00
33	5–30	6–50	9–10	10–40	11–47	13–40	12–45	11–30	13–00	17–30
35	3–55	5–20	6–45	7–55	8–30	10–00	9–30	9–00	9–00	12–40
37	3–15	3–45	3–20	4–42	6–00	6–50	7–20	7–00	6–30	8–00
39	1–25	0–20	0–30	1–30	2–10	3–00	4–00	4–00	2–00	0–30
x (mm)	2,5	4,5	6,5	8,5	10,5	12,5	14,5	16,5	18,5	21,5

Tabelle 9b.

Hauptschubspannungsverhältnis.   (Präparat II.)

x (mm) / y (mm)	0	2,5	4,5	6,5	8,5	10,5	12,5	14,5	16,5	18,5	21,5
1	9,54	9,02	7,46	6,87							
3	9,16	8,86	7,56	7,05							
5	8,64	8,58	7,58	7,24							
7	8,92	8,12	7,60	7,41							
9	7,22	7,54	7,70	7,78							
11	6,28	6,88	7,83	8,19							
13	5,23	5,69	7,73	9,52							
			7,05								
15	4,37	4,55	5,68	10,71							
17	4,20	4,32	5,30	6,70	7,52						
19	4,24	4,40	5,34	5,65	5,68	4,56					
21	4,30	4,60	5,30	4,98	4,54	4,03	3,56				
23	4,45	4,70	4,87	4,73	4,45	3,90	3,44	2,55			
25	4,53	4,73	4,56	4,43	4,45	3,90	3,38	2,55	1,80		
27	4,53	4,64	4,44	4,38	4,40	3,99	3,28	2,60	1,88	1,22	
29	4,57	4,63	4,55	4,33	4,35	4,05	3,37	2,74	2,06	1,40	
											0,36
31	4,65	4,75	4,65	4,37	4,30	4,10	3,64	3,03	2,29	1,66	0,79
33	4,81	4,99	4,78	4,45	4,26	4,10	3,70	3,10	2,49	1,80	1,11
35	5,10	5,22	4,99	4,56	4,45	4,16	3,82	3,22	2,50	1,81	1,16
37	5,65	5,60	5,32	4,65	4,60	4,40	4,06	3,29	2,60	1,90	1,42
39	6,52	6,22	5,88	5,16	4,64	4,52	4,19	3,50	2,77	2,10	1,64
x (mm)	0	2,5	4,5	6,5	8,5	10,5	12,5	14,5	16,5	18,5	21,5

Tabelle 10a.

Hauptspannungsrichtungen. (Präparat III.)

x (mm) y (mm)	2,5	4,5	6,5	8,5	10,5	12,5	14,5	16,5
	0 ′	0 ′	0 ′	0 ′	0 ′	0 ′	0 ′	0 ′
1	0–30	3–30	6–30					
4	0–30	4–00	2–50					
6	0–30		2–10					
8	0–30	3–30	2–10					
10			2–10					
12	1–40	6–00	2–30					
14			2–30					
16	4–30	9–30	4–00					
18	7–30	19–30	9–00					
			13–00					
20	11–30	19–30	28–00					
				46–30	63–20	64–20		
22	10–30	14–40	18–00				53–30	
24	9–30	12–30	16–00	27–45	36–05	41–30	42–10	38–00
26	8–30	12–00	18–30	22–40	29–40	32–15	32–30	28–30
28	7–40	12–00	17–30	19–10	25–40	26–30	26–30	21–40
30	7–00	12–00	13–50	17–00	20–10	21–50	18–40	14–15
32	5–30	12–00	9–00	11–10	15–05	15–30	11–30	9–10
34	3–00	7–30	5–00	5–00	8–00	9–15	5–30	3–30
x (mm)	2,5	4,5	6,5	8,5	10,5	12,5	˙14,5	16,5

Tabelle 10b.

Hauptschubspannungsverhältnis. (Präparat III.)

x (mm) y (mm)	0	2,5	4,5	6,5	8,5	10,5	12,5	14,5	16,5
1	11,00	9,69	7,20	6,79					
4	10,65	9,56	7,97	7,56					
6	10,28	9,25		7,61					
8	9,62	8,93	8,19	7,78					
10	9,07	8,78		7,81					
12	8,20	8,48	8,36	7,95					
14	7,43	8,11		9,48					
16	6,40	6,79	8,55	9,48					
18	4,86	5,53		9,13					
20	3,87	4,22	4,39	5,43					
					5,82	1,94	–0,03	–0,05	–0,31
22	4,14	4,54	5,03	6,28					
24	4,81	5,36	6,40	6,94	6,76	4,16	2,24	0,84	–0,04
26	5,52	6,16	6,60	6,90	6,62	4,92	3,36	2,00	0,70
28	6,37	6,77	7,00	7,00	6,57	5,43	4,20	2,82	1,49
30	7,27	7,53	7,50	7,25	6,60	5,49	4,72	3,41	2,16
32	8,15	8,08	7,90	7,49	6,61	5,55	4,76	3,68	2,80
34	9,68	9,38	8,43	7,70	6,83	5,80	4,94	3,68	2,99
x (mm)	0	2,5	4,5	6,5	8,5	10,5	12,5	14,5	16,5

spannungen ermitteln will, kann man sie nach Gl. (1) in § 37 berechnen, wenn der Wert J bekannt ist. Wir nehmen die optische Konstante

Tabelle 11a.

Hauptspannungsrichtungen.　　　　　　　　　　　　　　(Präparat IV.)

x (mm) y (mm)	3,5 0 ′	6,5 0 ′	9,5 0 ′	12,5 0 ′	15,5 0 ′	18,5 0 ′	21,5 0 ′
0,5	4–00	6–30					
2	3–10	4–30					
4	2–15	0–55					
6	2–00	0–40					
8	1–00	0–40					
10	0–20	0–30					
12	4–00	0–30					
14	5–10	0–30					
16	11–00	5–20					
18	18–20	16–40					
20	29–00	33–10					
			50–00	72–30	65–20	56–10	41–45
22	20–30	25–50					
24	14–30	21–30	34–00	47–00	49–00	46–20	41–45
26	11–00	17–10	28–10	36–50	39–30	39–20	33–20
28	9–20	14–10	23–20	28–50	32–15	31–50	26–20
30	6–50	10–00	18–30	21–30	23–55	23–50	19–20
32	5–00	5–40	13–30	15–10	16–20	16–45	12–00
34	3–10	3–45	7–10	7–15	7–30	5–50	3–10
x (mm)	3,5	6,5	9,5	12,5	15,5	18,5	21,5

Tabelle 11b.

Hauptschubspannungsverhältnis.　　　　　　　　　　　(Präparat IV.)

x (mm) y (mm)	0	3,5	6,5	9,5	12,5	15,5	18,5	21,5
0,5	9,90	8,48	4,89					
2	9,60	8,35	5,67					
4	9,28	7,98	6,15					
6	8,76	7,85	6,30					
8	8,60	7,75	6,38					
10	8,04	7,61	6,47					
12	7,50	7,40	6,70					
14	6,19	6,67	7,20					
16	3,91	5,21	7,95					
18	1,79	3,17	11,72					
20	1,30	2,54	12,17					
				6,56	2,60	0,80	0	–0,31
22	1,91	2,70	3,78					
24	3,51	4,07	5,60	6,90	4,63	2,51	0,89	0,30
26	5,06	5,73	6,31	6,97	5,30	3,33	1,64	0,85
28	6,65	6,70	6,82	6,94	5,70	3,93	2,17	1,34
30	8,51	7,73	7,34	7,20	5,96	4,27	2,52	1,78
32	10,45	9,00	8,16	7,60	6,26	4,55	2,70	2,15
34	12,07	10,70	9,68	8,52	6,88	4,86	3,25	2,50
x (mm)	0	3,5	6,5	9,5	12,5	15,5	18,5	21,5

wie folgt an: Die optische Konstante J ist die Phasendifferenz, die in einem Würfel von 1 mm Kantenlänge bei einer Belastung von 1 kg hervorgerufen wird. Nach dem Ergebnis von Steinheil[1] ist $J = 0,602\,\lambda$ ($\lambda =$ Wellenlänge des hellgrünen Lichtes des Spektrums $= 456\,\mu$).

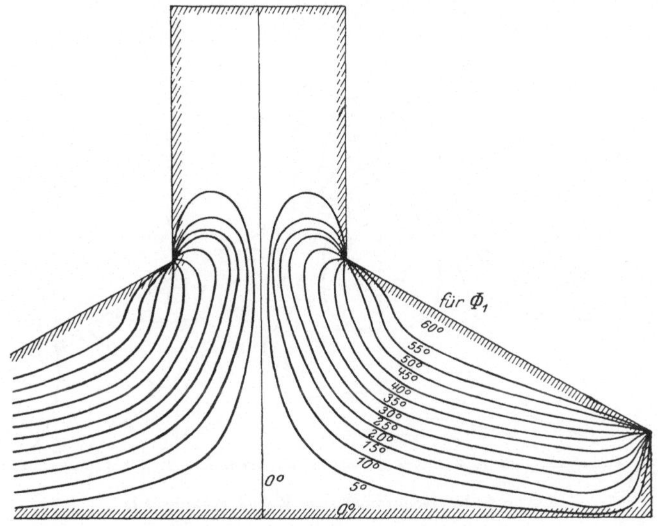

Abb. 112a. Isoklinische Kurve (Präparat I).

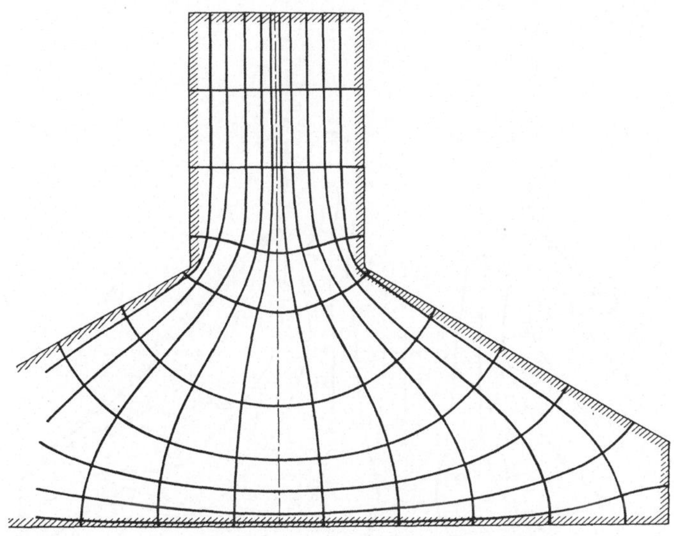

Abb. 112b. Hauptspannungstrajektorie (Präparat I).

Daraus folgt: Die Hauptschubspannungsgröße an dem Punkt, wo die

---

[1] Steinheil: Einige Fälle von Doppelbrechung in kreisförmigen Glasscheiben. 1920.

7*

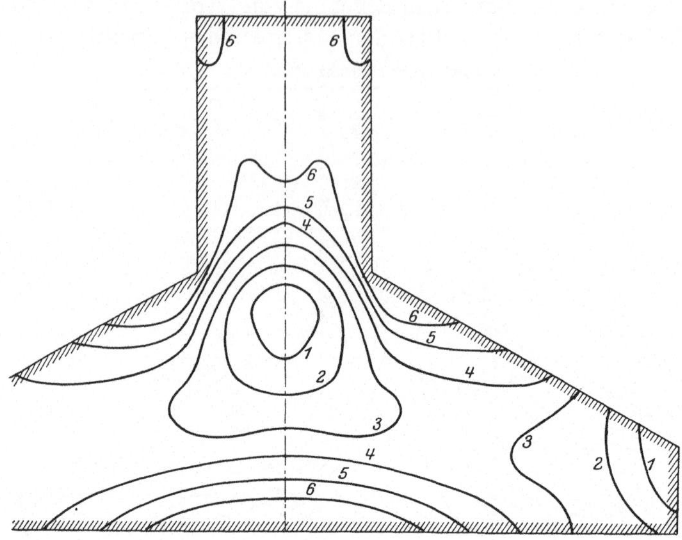

Abb. 112c. Isochromatische Kurve (Präparat I).

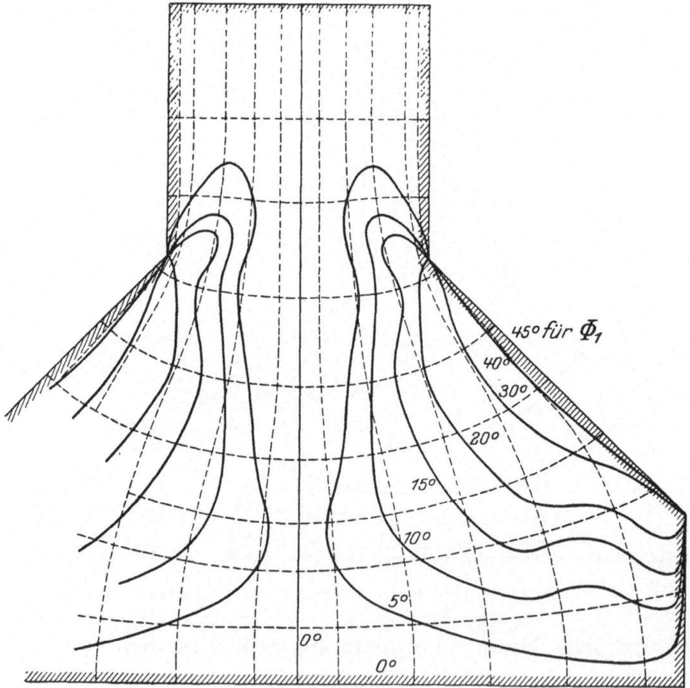

Abb. 113a. Isoklinische Kurve und Hauptspannungstrajektorie (Präparat II).

Kompensatorablesung 6,82 ist (vgl. Tabelle 8 b)

$$\frac{6,82 - 0,31\,{}^{*}}{12,83\,{}^{*}}\,\lambda = 2\,\tau_{12}\,0,602 \times 10 \times \lambda\,,$$

$$\tau_{12} = \frac{6,51}{12,04 \times 12,83}\ \mathrm{kg/mm^2} = 4,2143\ \mathrm{kg/cm^2}\,.$$

Dies ist die größte Spannung in diesem Falle.

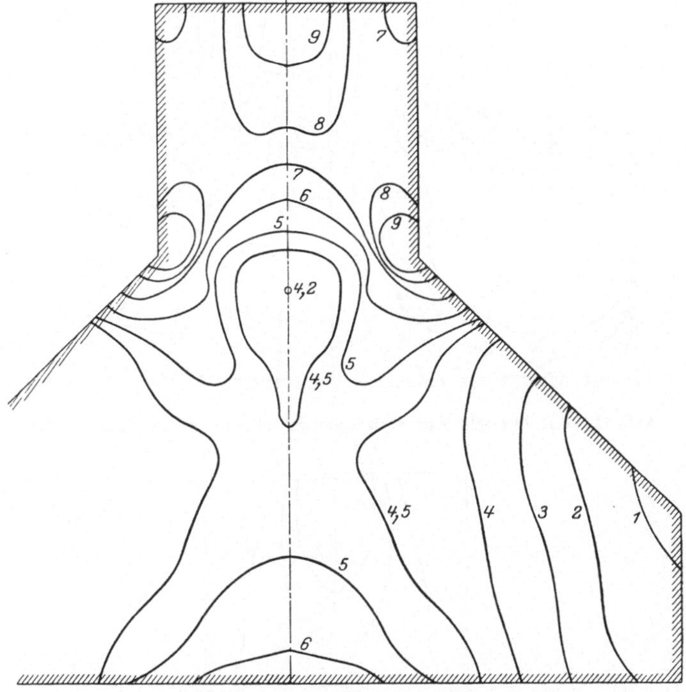

Abb. 113 b. Isochromatische Kurve (Präparat II).

Abb. 112 bis 115 zeigen die isoklinischen Kurven, die danach gezeichneten Spannungstrajektorien und die isochromatischen Kurven. Die Spannungskurven in Abb. 112 b und c stimmen sehr gut mit denjenigen in Abb. 77 a und b überein, die theoretisch gerechnet sind. Dies dient als günstige Nachprüfung für die Theorie der keilförmigen Träger in Abschnitt V.

Abb. 114 und 115 sind mit den Abb. 17 a und 17 b zu vergleichen. Man kann hier also feststellen, daß die Theorie mit dem Versuch hinreichend übereinstimmt. Besonders Abb. 115 a und b stimmen genau mit den theoretischen Ergebnissen (Abb. 17 a und 17 b) überein.

---

* Vgl. § 45.

        Ergebnisse des zweiten Versuchs.

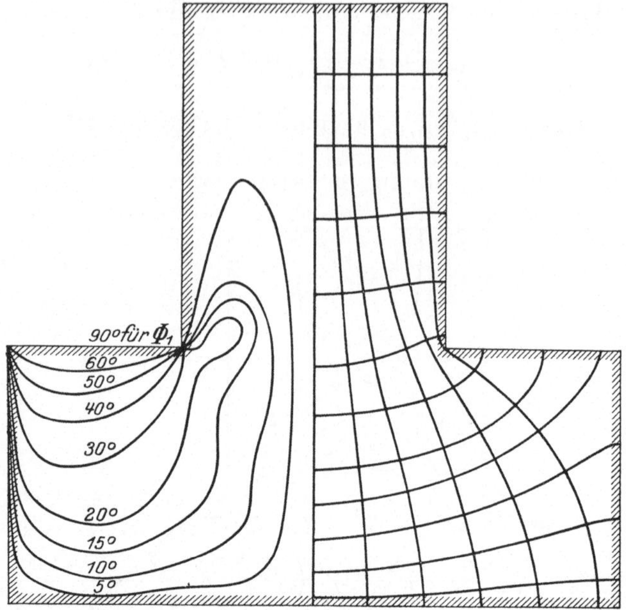

Abb. 114a. Isoklinische Kurve. Hauptspannungstrajektorie (Präparat III).

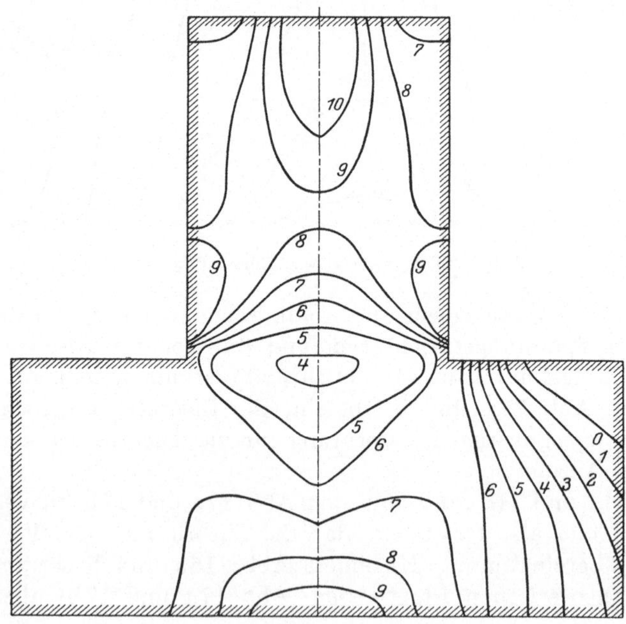

Abb. 114b. Isochromatische Kurve (Präparat III).

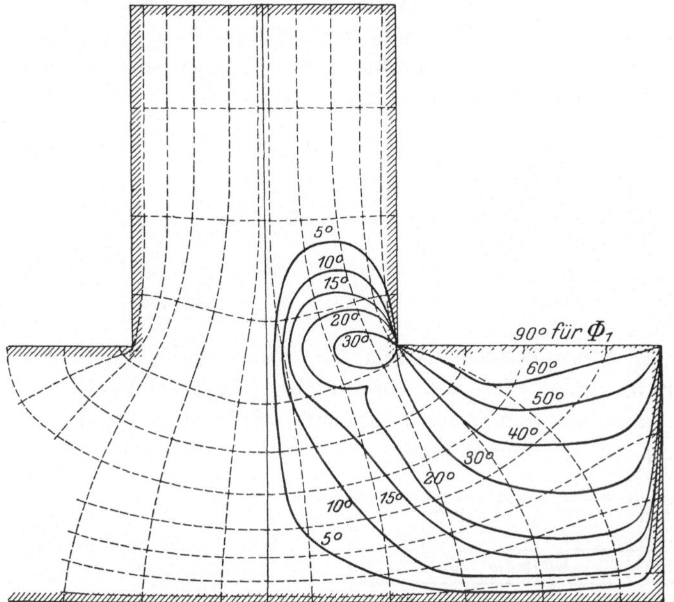

Abb. 115a. Isoklinische Kurve und Hauptspannungstrajektorie (Präparat IV).

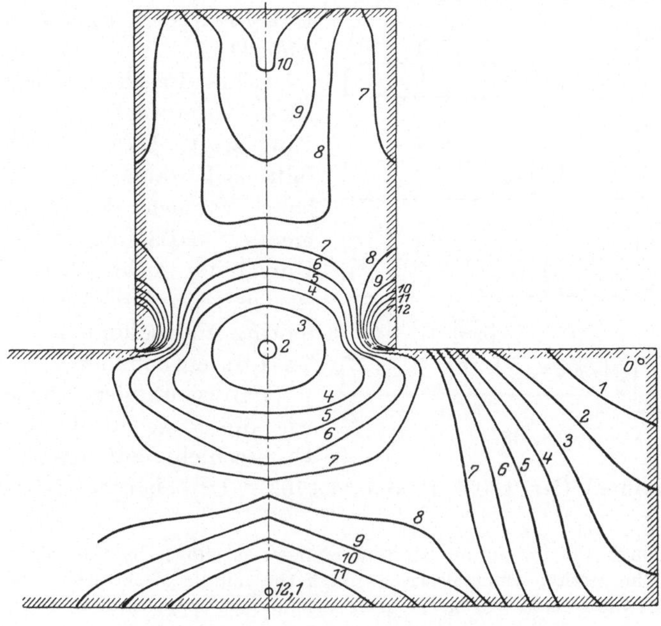

Abb. 115b. Isochromatische Kurve (Präparat IV).

Lorenz hat in seinem Werke die Hauptspannungstrajektorie im Fundament wie Abb. 116 zeigt, vermutungsweise gezeichnet.

Diese stimmt verhältnismäßig gut mit unserem Versuch überein (s. Abb. 114a und 115a).

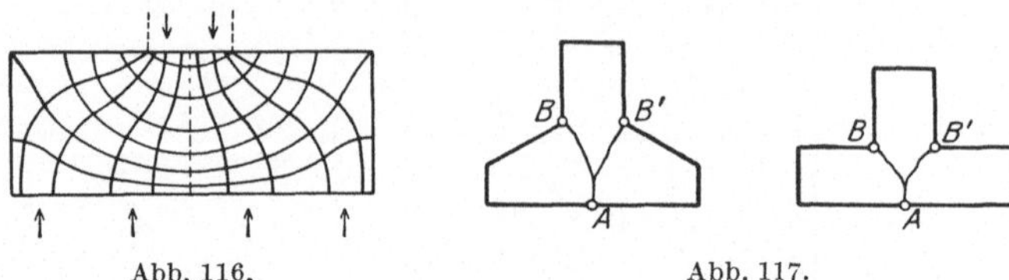

Abb. 116.   Abb. 117.

Die photographischen Aufnahmen der isoklinischen Kurven für einige Fälle findet man auf Abb. 140 bis 142 Tafel VI im Anhang.

Wie man bei den isochromatischen Kurven sieht, ist die Druckverteilung an der oberen Kante vermutlich parablisch und ändert sich zur Mitte des Stammteiles hin allmählich gleichmäßig.

Nach unsern Ergebnissen kann man allgemein schließen, daß in dem Fundament die gefährlichsten Stellen die Mitte der Unterschicht und die Eckpunkte B und B' sind (s. Abb. 117).

Beim Bruch erscheinen die Risse vermutlich wie die Abbildung zeigt. Diese Annahme erfüllt sich tatsächlich, wie man beim Versuch des Betonfundaments von Talbot an der Illinois Universität sieht. Die Abb. 118 ist aus „Reinforced concrete wall footing and column footing" von Talbot entnommen[1].

Man sieht hier sehr deutlich, wie die Risse in der Mitte der Unterschicht anfangen, mit nur

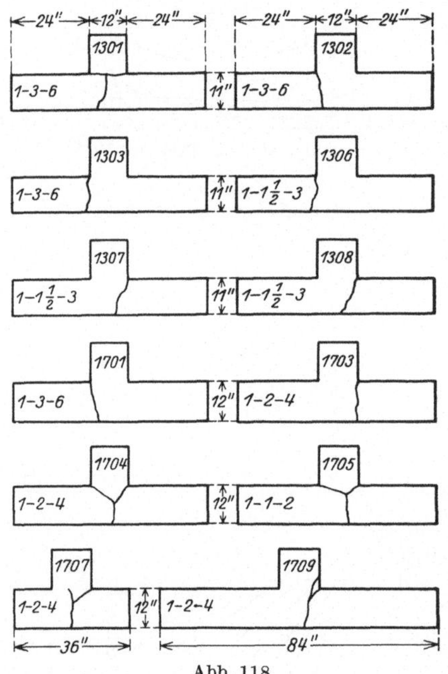

Abb. 118.

3 Ausnahmen (Nr. 1303, 1306 und 1703). Er behauptet in seiner Abhandlung:

„Although the maximum bending moment is shown by the above analysis to be at the section which passes through the middle of the wall, the resisting moment of the section will be far greater than that of a section of the projection

____

[1] Illinois bulletin. 1913, Nr. 67.

of the footing in those cases where the wall and footing are poured at the same time or where they are well bonded together . . ."

„Altogether, it may be expected that the section at the face of the wall will be the critical section for bending moment . . ."

Sein Resultat ist aber nicht günstig für seine Theorie, sondern umgekehrt für unsere Theorie, denn es liefert vielmehr den Beweis, daß die größte Spannung in der Mitte der Unterschicht vorkommt.

§ 47. Neue Methode zur Berechnung des Mauerfundaments.

Im vorhergehenden Paragraphen haben wir die Spannungsverteilung im Fundament beobachtet und uns überzeugt, daß die gewöhnliche Berechnungsart wenig Sinn hat. Ich schlage hier folgende Rechnungsart vor.

Wie wir schon gesehen haben, sind die Spannungen nahe den Ecken E und F sehr gering (s. Abb. 119). Wir wollen deshalb annehmen, daß nur der Keil ADB als Widerstandselement wirkt. Wenn aber der Vorsprung des Fundaments aus der Mauer sehr gering ist, verbindet man zuerst den Eckpunkt B mit dem Mittelpunkt der Unterschicht A, und dann den Punkt B mit dem Punkt D',

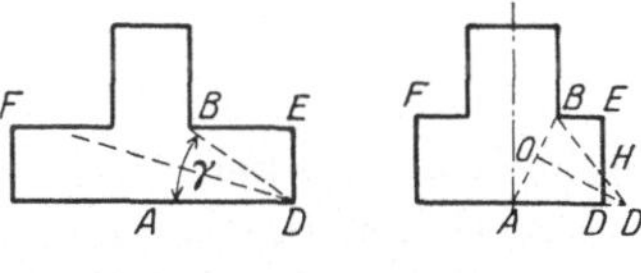

Abb. 119.

wo die Gerade, die AB senkrecht halbiert, mit der Unterschicht sich trifft. Wir erhalten in diesem Falle einen abgestumpften keilförmigen Träger $BHDA$.

Nun ist das Problem, das des keilförmigen Trägers, von dem wir schon in Abschnitt V gehandelt haben. Diese Rechnungsart ist vielleicht theoretischer als die gewöhnliche, in der man sich auf die Spannungsverteilung nur im wagerechten und lotrechten Querschnitt beschränkt. Wir wollen hier ein Beispiel des Talbotschen Versuchs nach unserer Methode berechnen, und mit dem dort gegebenen Resultat vergleichen. Man muß aber darauf achten, daß der Beton nicht zu dem Material gehört, das dem Hookeschen Gesetz folgt. Unsere Berechnung ist deshalb nur ein Maßstab, nach dem man die Spannungen miteinander vergleichen kann. Die Rechnungsart, die Talbot dort empfiehlt, ist natürlich in demselben Sinne auch nur ein Maßstab, obschon er nichts dort darüber gesagt hat.

Wir wollen das Präparat 1707[1] betrachten (s. Abb. 120).

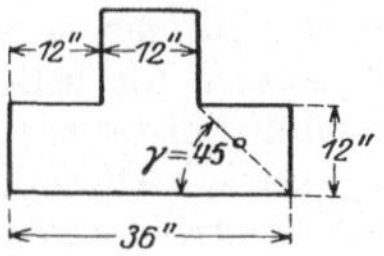

Aus Tabelle

$$\sigma_r = 3{,}77\ p$$
$$= 3{,}77 \times \frac{49{,}600}{36 \times 12} = 432{,}5\ \#/\square''$$

Abb. 120.

---

[1] In anderen Versuchskörpern sind die Strecken (a—b) gegenüber den Strecken (b) so groß, daß es gleichgültig ist, ob man nach der Spannung am Punkt A die Beanspruchung berechnet oder nach der Annahme des keilförmigen Trägers.

Dieser Wert ist viel höher als der, den Talbot berechnet hat; nämlich
344#/□''. Man kann daraus schließen, daß die Risse deshalb in der
Mitte erscheinen. Man muß hier die berechnete Spannung mit der
Zugfestigkeit des Materials vergleichen, aber nicht mit dem Bruchmodul (modulus of rapture). Die beiden Rechnungsarten sind völlig
verschieden.

Dieselbe Berechnungsart wie bei Talbot findet man im „Taschenbuch für Bauingenieure". Abb. 121 ist dem „Grundbau" von Engel
entnommen.

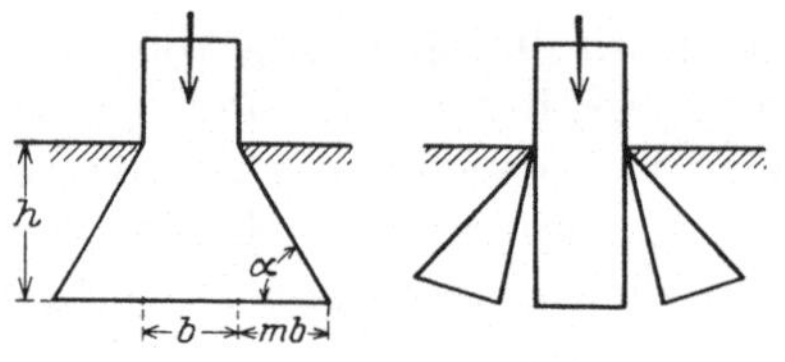
Abb. 121.

Der Bruch, wie ihn die Abbildung
zeigt, ist theoretisch nicht möglich,
und kommt vielleicht auch praktisch
nicht vor, wie man nach Talbotschen
Versuchen vermuten könnte. Engel
hat dabei zwei große Fehler gemacht:

1. Er hat einen Fundamentteil mit so großem Keilwinkel ($\alpha = 60^{0}$)
einfach als Balken mit der Höhe „h" angesehen.

2. Er hat die Schubspannung ganz vernachlässigt, die für eine der-
artige Proportion der Fundamentform den Bruch sehr stark beeinflußt.
Hier trifft unsere Keilträger-Berechnungsart gerade zu. Nach seiner
Methode ist

$$\frac{p\,(m\,h)^2}{2} = \frac{\sigma\,h^2}{6}\,.$$

Daher ist

$$p = \sigma\,.$$

Nach Tabelle 5 sind die Spannungen in der Mitte der Fundament-
unterschicht:

$$\tau_{12} = \frac{2{,}527\,p}{2}\,,$$

$$\sigma_r = 1{,}53\,p\,.$$

Die Zugspannung in der Mitte ist 1,5mal so groß wie diejenige
nach der Engelschen Berechnungsart. Diese Abweichung ist viel zu
groß, um die von ihm empfohlene Gleichung zu benutzen.

Anmerkung. Das sog. Bruchmodul (modulus of rapture) soll natürlich ein
Maßstab sein, um nach ihm die Beanspruchung zu vergleichen. Dabei ist es sehr
nötig, darauf zu achten, daß die Spannungszustände dieselben sind. Vielleicht
ist es richtiger, wenn man das Bruchmodul für gleichmäßige Belastung (modulus
of rapture for uniform load) von dem Bruchmodul für konzentrierte Belastung
(modulus of rapture for concentrated load) unterscheidet. Wahrscheinlich kommt
die starke Abweichung der Bruchmodule des Versuchskörpers von denjenigen
des Kontrollbalkens daher, daß man die obenerwähnten Module nicht unter-
schieden hat. (Vgl. Tabelle 7 von Talbot.)

§ 48. Nachbemerkung zum optischen Versuch.

Der obenerwähnte optische Versuch hat einen ganz anderen Zweck
als die anderen technischen Versuche, wie z. B. für Eisenbetonbalken,

eiserne Säulen usw. Man kann den ersteren als „den theoretischen Versuch" von dem letzteren als „dem praktischen Versuch" unterscheiden. Bei dem ersteren handelt es sich um die Spannungsverteilung in homogenen und elastischen Körpern, d. h. um die Spannungsermittlung eines Körpers innerhalb der elastischen Grenze, indem das Material als homogen angesehen wird. Dieser Versuch dient zur Nachprüfung der Theorie oder zur Spannungsermittlung bei einem Körper, bei dem die theoretische Lösung sehr schwierig oder überhaupt unmöglich ist. Wesentlich anders ist der gewöhnliche technische Versuch, in dem man den wirklichen Spannungszustand (meistens außerhalb der Elastizitätsgrenze) beobachtet. Es ist klar, daß das Resultat des ersten Versuchs direkt zur Spannungsorientierung im Betonbalken oder im Balken aus heterogenen Materialien nicht anwendbar ist. Außerdem ist auch zu beachten, daß dieser Versuch nur innerhalb der Elastizitätsgrenze ausgeführt werden soll. Außerhalb der Elastizitätsgrenze verliert der Versuch schon seinen Sinn und gehört jetzt nicht mehr zur ersten Versuchsart, sondern zur zweiten. Diesen wichtigen Punkt vergißt man leider zuweilen und gewinnt dann ein verkehrtes Resultat.

Auch zwei in der „Zeitschrift für technische Physik" erschienene Aufsätze sind, wie ich glaube, von dem oben erwähnten Fehler nicht frei[1].

Da Zelluloid dem Hookeschen Gesetz nicht folgt[2], so kann man wohl schließen, daß der Versuch, der mit den Präparaten aus Zelluloid gemacht worden ist, den Wert der ersten Versuchsart verliert und deshalb nur als solcher der zweiten Bedeutung hat; d. h. für die Spannungsermittlung im Zelluloidbalken außerhalb der Elastizitätsgrenze. Man darf das Ergebnis eines solchen Versuchs auf keinen Fall als Nachprüfung der Theorie des elastischen isotropen Körpers gelten lassen. Selbst wenn man auch Proportionalität zwischen Spannung und Formänderung (oder Doppelbrechung) in Zelluloid voraussetzt, sind die Versuche doch nicht richtig, wenn sie bei einer Belastung außerhalb der Proportionalitätsgrenze ausgeführt werden.

Z. B. Asch hat in seinem Aufsatz als Proportionalitätsgrenze für Zelluloid 120 kg/cm² empfohlen. Er hat trotzdem in seinem dritten Versuch das Präparat 1,01 cm × 11 cm × 0,519 cm auf zwei Auflagern von 10,6 cm Spannweite mit 7,5 kg gedrückt. Daraus folgt: die nach gewöhnlicher Balkentheorie berechnete größte Spannung in der Spann-

---

[1] Die Aufsätze sind:

Asch: Untersuchung der Spannungen des gebogenen Balkens im polarisierten Licht. Z. techn. Phys. 1922, Nr. 9.

Birnbaum: Optische Untersuchung des Spannungszustandes in Maschinenteilen mit scharfen und abgerundeten Ecken. Z. techn. Phys. 1924, Nr. 4.

[2] Ambronn: Über anormale Doppelbrechung beim Zelluloid. 1911.

mitte ist

$$\frac{6\,M}{b\,h^2} = \frac{5{,}3}{2} \times \frac{7{,}5 \times 6}{0{,}519 \times 1{,}01^2} = 225 \ \text{kg/cm}^2.$$

Weil die Spannung so weit die Elastizitätsgrenze überschritten hat, ist die Spannungsverteilung bedeutend anders als die nach der Theorie. Asch hat die Spannung in einem Querschnitte, der 3,3 cm vom Stützpunkt entfernt ist, gemessen. Es ist möglich, daß die Spannung in diesem Querschnitt innerhalb der Proportionalitätsgrenze sich befindet, aber die Spannungsverteilung bleibt natürlich nicht dieselbe wie wenn die Spannung an keiner Stelle die Proportionalitätsgrenze überschritt.

In dem Versuch von Coker[1] habe ich ein ähnliches Versehen bemerkt. Er empfiehlt dabei 4000 #/□″ als Elastizitätsgrenze für Xylonite, das er als Versuchsmaterial benutzt hat.

Man findet am Ende seines Aufsatzes folgende Tabelle:

	Abscissa (″)						
	0	0,16	0,25	0,5	Neutral ax.	1,5	2
Stress (#/□″)	2380	1970 at 0,1			0,7		640
	3370	2380 ,, 0,16			0,7	950	1270
	4060	2480 ,, 0,25			0,7	1460	1720
	4570			1460	0,75	1910	2730

Die beiden unterstrichenen Spannungen sind also außerhalb der Elastizitätsgrenze. Der von ihm festgestellte Abstand der Neutralachse von der Mitte des Streifens ist 0,057″ (die Streifenbreite war 0,473″). Durch Vergleich dieses Wertes mit dem berechneten Werte 0,055″ nach Pearson und Andrew schloß er, daß die Theorie mit dem Versuch gut übereinstimme. Der Wert 0,057″ entspricht dem Falle der Spannungen in der 4. Zeile in der Tabelle, wo die Spannung 4570 #/□″ schon weit die Elastizitätsgrenze überschritten hat. Für den Fall, in dem die Spannungen innerhalb der Grenze bleiben (z. B. bei den Fällen der 1. und 2. Zeile in der Tabelle) ist der Abstand viel größer und ist ungefähr 0,07″ nach der Abbildung, die in dem Aufsatz sich befindet. Daraus folgt, daß seine Nachprüfung der Theorie nicht ganz stimmt. Übrigens sind die dort abgebildeten isoklinischen Kurven (Abb. 4) nicht richtig (vgl. Abb. 122!). Das kann man sofort merken, wenn man die Symmetrie der Kurven zur Horizontalachse beachtet (s. die Ziffern in der Abbildung).

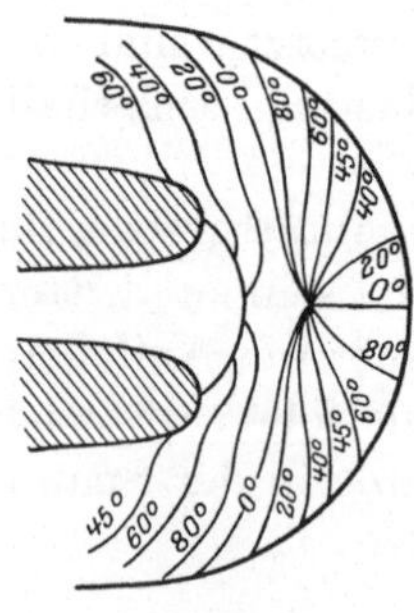

Abb. 122.

Zum Schluß freue ich mich, darauf hinweisen zu können, daß während meiner Arbeit mein verehrter Freund Ikuzo Arakawa für einen

---

[1] The optical determination of stress. Phil. Mag. Vol. 20, Ser. 6, 1910.

optischen Versuch Bakelíte mit gutem Erfolg zum erstenmal benutzt hat[1]. Im Verhältnis zu Zelluloid ist die Spannungs- und Längsänderungskurve bei diesem Material fast geradlinig[2] und hat auch die gerade für den Versuch geeignete Eigenschaft, daß es bei den niedrigen Lasten eine starke Doppelbrechung zeigt. Bakelíte ist das Material, das meines Erachtens für den optischen Versuch künftig am meisten gebraucht werden dürfte.

---

[1] Arakawa, I.: Phys. Math. Soc. Japan, III, 5, Nr. 9—11.
[2] Tsuji, J.: Berichte d. Phys. Chem. Inst. Japan. Jahrg. 5, Nr. 5.

Literaturverzeichnis.

1. Neumann: Gesammelte Werke, Bd. 3. 1912.
2. Airy: On the strains in the interior of beams. 1862. Phil. Trans. Roy. Soc., Bd. 152, S. 49. 1863.
3. Wilson: The influence of surface-loading on the flexured beams. 1891. Phil. Mag. Bd. 32, Nr. 199, S. 5.
4. König: Doppelbrechung in transversal schwingenden Glasplatten. Ann. Physik. Bd. 4. 1901.
5. Filon: On an approx. solution for the bending of a beam of rectangular cross-section under any system of load, with special reference to points of concentrated or discontinuous loading. Phil. Trans. Roy. Soc. Bd. 201, series A.
6. König: Doppelbrechung in Glasplatten bei statischer Biegung. Ann. Physik. Bd. 11. 1903.
7. König: Einige Bemerkungen über die Beziehung zwischen künstlicher Doppelbrechung und Elastizität. Ann. Physik. 1903.
8. Hönigsberg: Einrichtungen für Versuche an beanspruchten durchsichtigen Körpern in polarisiertem Licht. Z. öst. Ing.-V. 1904, Nr. 11; 1905, Nr. 42; 1906, Nr. 35.
9. Filon und Jessop: On the stress-optical effect in transparent solids strained beyond the elastic limit. Phil. Trans. Roy. Soc. Bd. 223, series A.
10. Timpe: Probleme der Spannungsverteilung in ebenen Systemen einfach gelöst mit Hilfe der Airyschen Funktion. Z. f. Math. u. Phys. 1905.
11. Pockel: Lehrbuch der Kristalloptik. 1906.
12. Aue: Zur Berechnung der Spannungen in gekrümmten Stäben. Dissertation. Jena 1910.
13. Ambronn: Über die Dispersion der Doppelbrechung in zweiphasigen Systemen. Sonder-Abdruck aus Z. f. Chem. u. Industrie der Kolloide. 1911. Bd. 9. Heft 4.
14. Ambronn: Über anormale Doppelbrechung beim Zelluloid. Sitzungsbericht. 1911.
15. Filon: The investigation of stresses in a rectangular beam by means of polarised light. 1912. Phil. Mag. series 6. Bd. 23, Nr. 133.
16. Talbot: Reinforced concrete wall footings and column footings. 1913.
17. Lorenz: Technische Elastizitätslehre. 1913.
18. Mohr: Abhandlungen aus dem Gebiet der Technischen Mechanik. 2. Aufl. 1914.
19. König: Nachweis elastischer Spannungen in ringförmigen Körpern mit Hilfe künstlicher Doppelbrechung. 1915.
20. Ambronn: Über das Zusammenwirken von Stäbchendoppelbrechung und Eigendoppelbrechung. 1916. Sonder-Abdruck aus der Kolloid-Zeitschrift Bd. 18, Heft 3.
21. König: Über einige Fälle künstlicher Doppelbrechung in zylindrischen Körpern. Ann. Physik 1917.
22. Jackson: Über Spannungslinien mit Anwendung auf den Eisenbetonbau. 1917.

23. König: Die Untersuchung von Gläsern im polarisierten Lichte. Dt. opt. Wochenschr. 1918.

24. Bach: Elastizität und Festigkeit. 8. Aufl. 1920.

25. Love: A treatise on the mathematical theory of elasticity. 3. Ed.

26. Föppl: Drang und Zwang. 1920.

27. Steinheil: Einige Fälle von Doppelbrechung in kreisförmigen Glasscheiben. Dissertation 1920.

28. Engels: Wasserbau (in Förster: Taschenbuch für Bauingenieure). 1921.

29. Asch: Untersuchung der Spannungen des gebogenen Balkens im polarisierten Licht. Z. techn. Phys. 1922, Nr. 9.

30. Bleich: Der gerade Stab mit Rechteckquerschnitt als ebenes Problem. Bauingenieur 1923, Heft 9.

31. Birnbaum: Optische Untersuchung des Spannungszustandes in Maschinenteilen mit scharfen und abgerundeten Ecken. Z. techn. Phys. 1924, Nr. 4.

32. Coker: The optical determination of stress. Phil. Mag. 1910. Bd. 20, Ser. 6.

33. Coker: Tension-test of material. Eng. Jan. 1921.

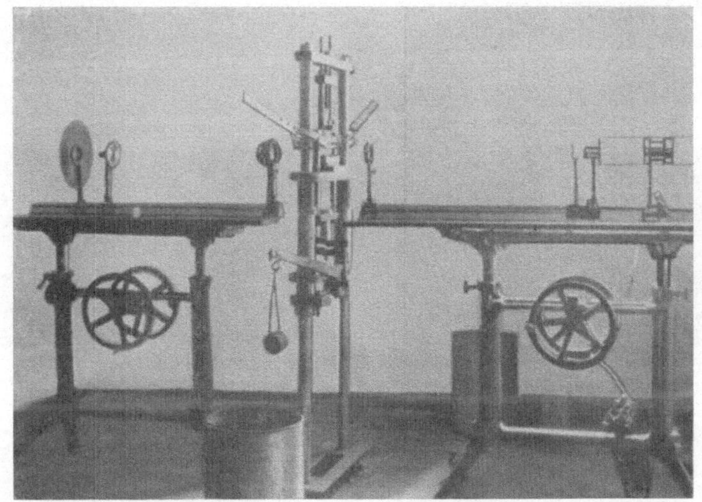

Abb. 123. Vorrichtung des optischen Versuchs.
(Der Apparat ist von den Zeiss-Werken, Jena, bezogen).

Abb. 124. Belastungsapparat.

Miura, Spannungskurven.

Tafel II.

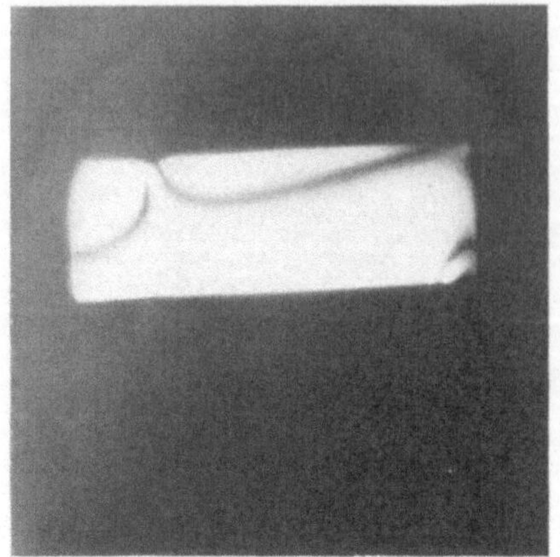

Abb. 125. Präp. 1. Spannweite 8 cm. Ø 20°.

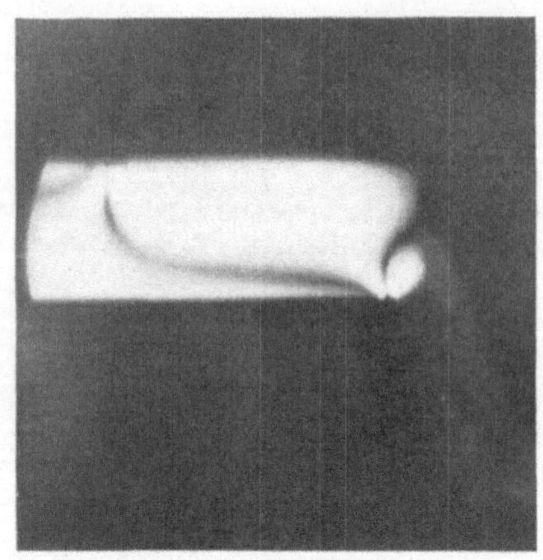

Abb. 128. Präp. 1. Spannweite 8 cm. Ø 80°.

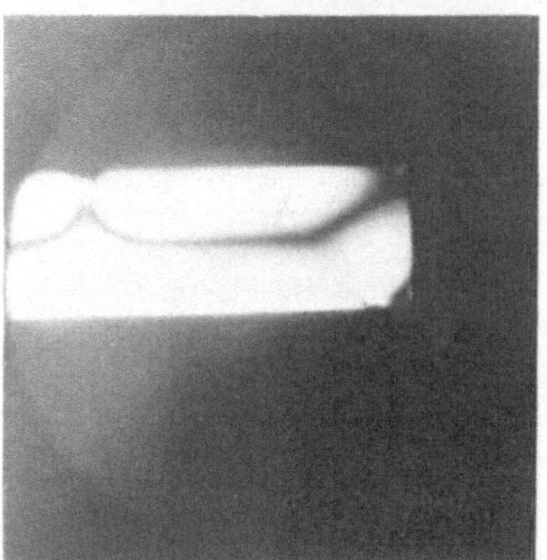

Abb. 126. Präp. 1. Spannweite 8 cm. Ø 45°.

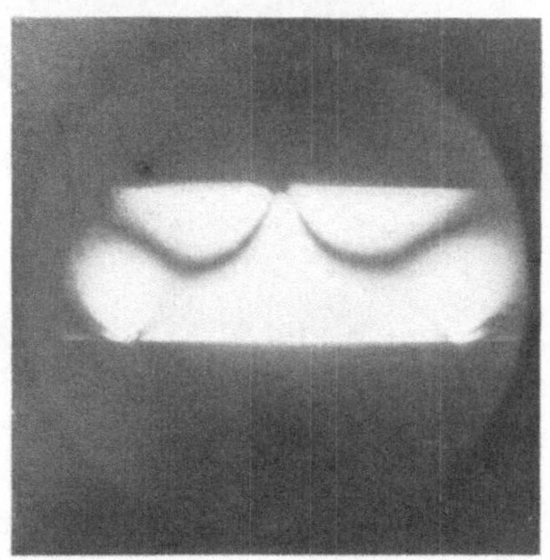

Abb. 129. Präp. 1. Spannweite 4 cm. Ø 45°.

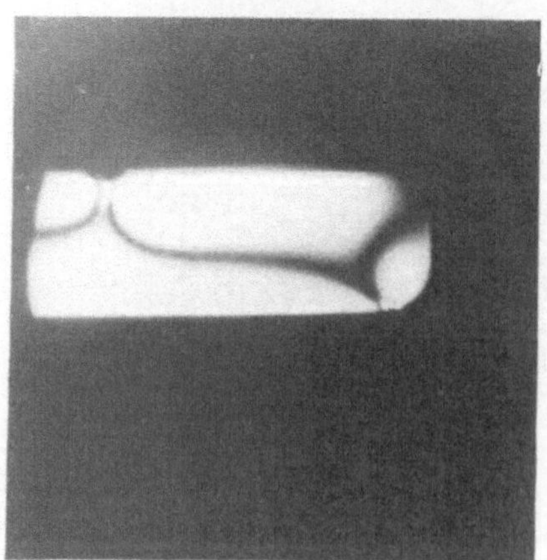

Abb. 127. Präp. 1. Spannweite 8 cm Ø 60°.

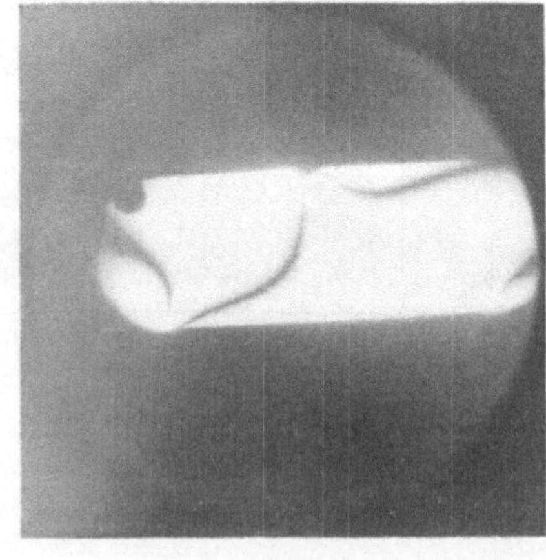

Abb. 130. Präp. 1. Spannweite 4 cm. Ø 20°.

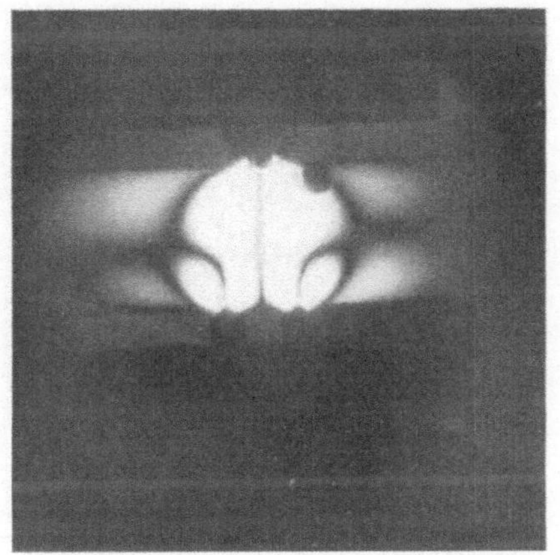

Abb. 131. Präp. 1. Spannweite 1 cm. ⌀ 90°.

Abb. 133. Präp. 1. Spannweite 0 ⌀ 45°.

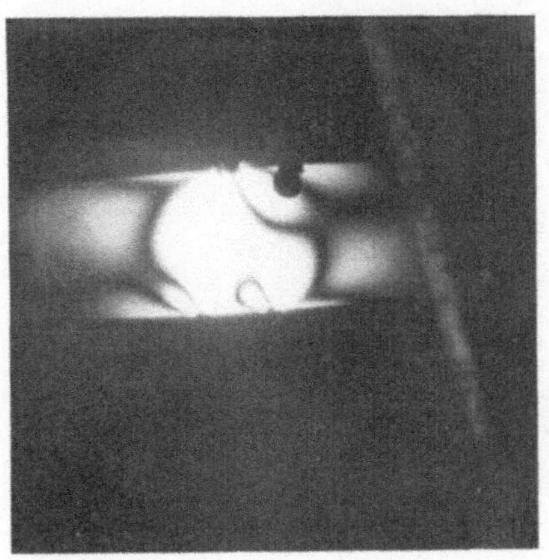

Abb. 132. Präp. 1. Spannweite 1 cm. ⌀ 70°.

Abb. 134. Präp. 1. Spannweite 0 ⌀ 0°.

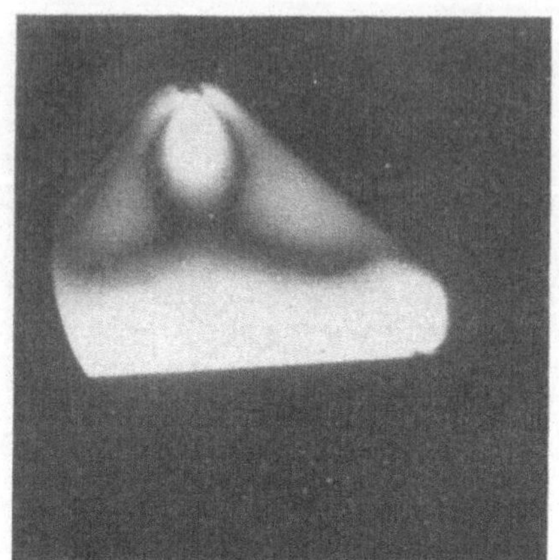

Abb. 135. Präp. 4. ∠ 45°.

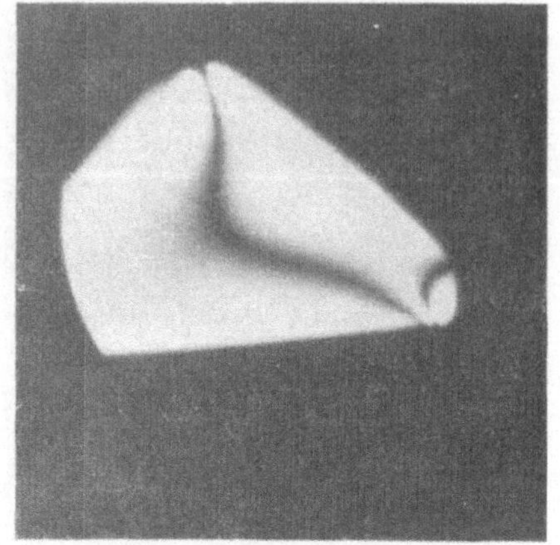

Abb. 136. Präp. 4. ∅ 80°.

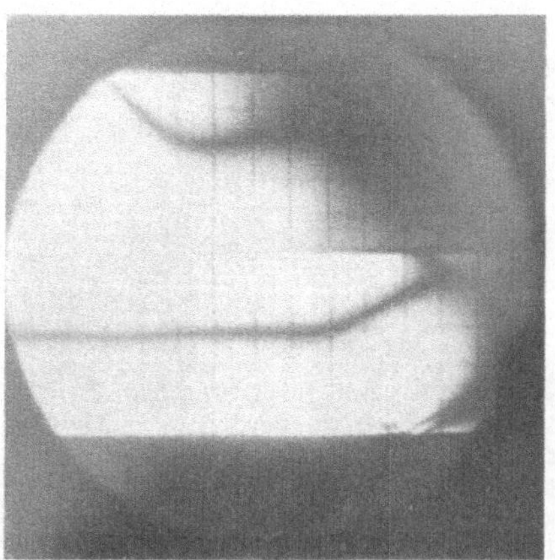

Abb. 137. Präp. 2. Spannweite 8 cm. ∅ 45°.

Abb. 193. Vorrichtung des optischen Versuchs nach König.

Abb. 139. Vorrichtung des optischen Versuchs nach König.

Abb. 140. Präp. I. ⌀ 45⁰.

Abb. 141. Präp. II. ⌀ 45⁰.

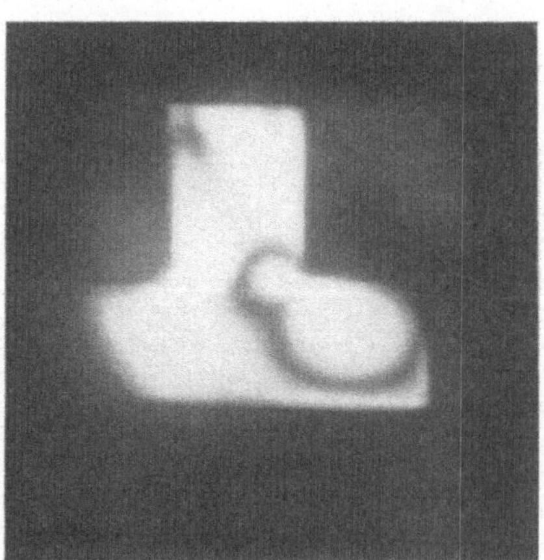

Abb. 142. Präp. IV. ⌀ 20⁰.

Der durchlaufende Träger über ungleichen Öffnungen.

Theorie, gebrauchsfertige Formeln, Zahlenbeispiele. Von Prof. Dr.-Ing. **Emil Kammer,** Darmstadt. Mit 303 Abbildungen im Text und auf 4 Tafeln. VIII, 269 Seiten. 1926. RM 25.50; gebunden RM 27.—

Die Tragfähigkeit statisch unbestimmter Tragwerke aus Stahl bei beliebig häufig wiederholter Belastung.

Von Prof. **Martin Grüning,** Hannover. Mit 6 Textabbildungen. IV, 30 Seiten. 1926. RM 3.30

Die Statik des ebenen Tragwerkes. Von Prof. **Martin Grüning,**

Hannover. Mit 434 Textabbildungen. VII, 706 Seiten. 1925.

Gebunden RM 45.—

Gewölbetabellen. Vereinfachungen für Entwurf und Berechnung statisch

bestimmter und unbestimmter Gewölbe. Von Regierungsbaumeister a. D. Prof. Dr.-Ing. **F. Kögler,** Freiburg, Sa. Zweite, erweiterte Auflage. Mit 29 Textabbildungen. VIII, 104 Seiten. 1928. RM 7.50

Die Berechnung statisch unbestimmter Tragwerke nach der Methode des Viermomentensatzes. Von Dr.-Ing.

Friedrich Bleich. Zweite, verbesserte und vermehrte Auflage. Mit 117 Abbildungen im Text. VI, 220 Seiten. 1925. Gebunden RM 15.—

Die Eisenkonstruktionen. Ein Lehrbuch für Schule und Zeichen-

tisch nebst einem Anhang mit Zahlentafeln zum Gebrauch beim Berechnen und Entwerfen eiserner Bauwerke. Von Dipl.-Ing. Prof. **L. Geusen,** Dortmund. Vierte, vermehrte und verbesserte Auflage. Mit 529 Abbildungen im Text und auf 2 farbigen Tafeln. VII, 310 Seiten. 1925. Gebunden RM 21.—

Durchlaufende Eisenbetonkonstruktionen in elastischer Verbindung mit den Zwischenstützen (Platten-

balkendecken und Pilzdecken). Einflußlinientafeln und Zahlentafeln für die maximalen Biegungsmomente und Auflagerdrücke infolge ständiger und veränderlicher Belastung unter Berücksichtigung der Stützeneinspannung (Winklersche Zahlen) nebst Anwendungsbeispielen von Baurat Dr.-Ing. **F. Kann,** Wismar. Mit 47 Textabbildungen. V, 72 Seiten. 1926. RM 7.20

Die Theorie elastischer Gewebe und ihre Anwendung auf die Berechnung biegsamer Platten unter besonderer Berücksichtigung der trägerlosen Pilzdecken. Von Dr.-Ing. **H. Marcus,** Direktor der HUTA, Hoch- und Tiefbau-Aktiengesellschaft, Breslau. Mit 123 Textabbildungen. VIII, 368 Seiten. 1924.   RM 21.—; gebunden RM 23.10

Die vereinfachte Berechnung biegsamer Platten. Von Dr.-Ing. **H. Marcus,** Direktor der HUTA, Hoch- und Tiefbau-Aktiengesellschaft, Breslau. (Erweiterter Sonderabdruck aus „Der Bauingenieur", 5. Jahrgang 1924. Heft 20 und 21.) Mit 33 Textabbildungen. 92 Seiten. 1925.
RM 5.10

Die elastischen Platten. Die Grundlagen und Verfahren zur Berechnung ihrer Formänderungen und Spannungen, sowie die Anwendungen der Theorie der ebenen zweidimensionalen elastischen Systeme auf praktische Aufgaben. Von Prof. Dr.-Ing. **A. Nádai,** Göttingen. Mit 187 Abbildungen im Text und 8 Zahlentafeln. VIII, 326 Seiten. 1925. Gebunden RM 24.—

Kreisplatten auf elastischer Unterlage. Theorie zentralsymmetrisch belasteter Kreisplatten und Kreisringplatten auf elastisch nachgiebiger Unterlage. Mit Anwendungen der Theorie auf die Berechnung von Kreisplattenfundamenten und die Einspannung in elastische Medien. Von Privatdozent Dr.-Ing. **Ferdinand Schleicher,** Karlsruhe. Mit 52 Textabbildungen. X, 148 Seiten. 1926.   RM 13.50; gebunden RM 15.—

Die Biegung kreissymmetrischer Platten von veränderlicher Dicke. Von Dr.-Ing. **Otto Pichler.** Mit 6 Textabbildungen. IV, 60 Seiten. 1928.   RM 4.50

Die strenge Berechnung von Kreisplatten unter Einzellasten mit Hilfe von krummlinigen Koordinaten und deren Anwendung auf die Pilzdecke. Von Dr.-Ing. **Wilhelm Flügge.** Mit 25 Textabbildungen. V, 55 Seiten. 1928.   RM 5.—

Die Knickfestigkeit. Von Privatdozent Dr.-Ing. **Rudolf Mayer,** Karlsruhe. Mit 280 Textabbildungen und 87 Tabellen. VIII, 502 Seiten. 1921.
RM 20.—

Theorie der Rahmenwerke auf neuer Grundlage. Mit Anwendungsbeispielen von Prof. Dr.-Ing. **L. Mann,** Breslau. Mit 76 Textabbildungen. VI, 123 Seiten. 1927. RM 9.—; gebunden RM 10.50

Mehrteilige Rahmen. Verfahren zur einfachen Berechnung von mehrstieligen, mehrstöckigen und mehrteiligen geschlossenen Rahmen (Rahmenbalkenträgern). Von Ingenieur **Gustav Spiegel.** Mit 107 Textabbildungen. VII, 191 Seiten. 1920. RM 7.—

Räumliche Vieleckrahmen mit eingespannten Füßen unter besonderer Berücksichtigung der Windbelastung. Von Dr.-Ing. **Alfred Millies.** Mit 53 Textabbildungen. VI, 96 Seiten. 1927. RM 12.—

Der elastisch drehbar gestützte Durchlaufbalken (durchlaufende Rahmen). Gebrauchsfertige Zahlen für Einflußlinien und Größtwerte der Momente. Von Dr.-Ing. **H. Craemer,** Düsseldorf. Mit 7 Textabbildungen und 18 Zahlentafeln. IV, 10 Seiten. 1927. RM 5.10

Die Berechnung des symmetrischen Stockwerkrahmens mit geneigten und lotrechten Ständern mit Hilfe von Differenzengleichungen. Von Dr. techn. Ing. **Josef Fritsche,** Prag. Mit 17 Abbildungen. VI, 90 Seiten. 1923. RM 4.—

Berechnung von Rahmenkonstruktionen und statisch unbestimmten Systemen des Eisen- und Eisenbetonbaues. Von Ing. **P. E. Glaser,** Ilmenau i. Thür. Mit 112 Textabbildungen. VIII, 132 Seiten. 1919. RM 4.50

Die Deformationsmethode. Von Prof. Dr. techn. h. c. **A. Ostenfeld,** Kopenhagen. Mit 42 Abbildungen. VI, 118 Seiten. 1926. RM 10.—

Beitrag zur Berechnung statisch unbestimmter Fachwerke. Von Dr. **H. Heimann.** Mit 20 Abbildungen im Text. IV, 24 Seiten. 1928. RM 2.50